浙江省海洋文化与经济研究中心重大招标课题
（项目编号：14HYJDYY04）研究成果

浙江海洋文化产业发展报告

ZHEJIANG HAIYANG WENHUA CHANYE FAZHAN BAOGAO

苏勇军　等著

海洋出版社

2016年·北京

图书在版编目（CIP）数据

浙江海洋文化产业发展报告 / 苏勇军著.

—北京：海洋出版社，2016.11

ISBN 978-7-5027- 9617-4

Ⅰ.①浙… Ⅱ.①苏… Ⅲ.①海洋－文化产业－研究报告－浙江 Ⅳ.①P7-05

中国版本图书馆 CIP 数据核字(2016)第 281901 号

责任编辑：赵　武　黄新峰

责任印制：赵麟苏

排　　版：刘晓阳

海洋出版社　出版发行

http://www.oceanpress.com.cn

北京市海淀区大慧寺路 8 号　邮编：100081

北京朝阳印刷厂有限责任公司印制

新华书店发行所经销

2016 年 11 月第 1 版　2016 年 11 月北京第 1 次印刷

开本：787mm×1092mm　1/16　印张：12.25

字数：300 千字　定价：58.00 元

发行部：62147016　邮购部：68038093　总编室：62114335

海洋版图书印装错误可随时退换

前　言

“谁控制了海洋，谁就控制了一切。”公元前500年，古希腊著名的思想家狄米斯托克的至理名言，在当今开发和利用海洋的问题上仍然振聋发聩。

蓝色的海洋，是巨大资源宝库和最大的能源供应基地。面对陆地资源日益匮乏、生态环境日益恶化、人口压力日益加剧，人类纷纷将希冀目光投向这片蔚蓝的版图。2012年5月12日至8月12日在韩国海滨城市丽水市举行的韩国丽水世博会(Expo Yeosu 2012)，主题确定为：“生机勃勃的海洋及海岸——资源多样性与可持续发展”，着眼于海洋和海岸的重要性，传达了人类希望与地球、生命、生态系统和谐发展的愿望。通过三个副主题：“海岸开发与保护”“创意海洋文化活动”“新资源技术”倡导与可持续性理念相关的海洋文化；鼓励知识的融汇与传递、经验的交流以及普通大众的参与、相关机构之间的讨论和对话；促进大众对海洋资源所面临的挑战与机遇的认识；展示来自世界各地的成功范例和重大创新。世界各国提出了各自不同的海洋理念，例如乌拉圭的“乌拉圭，大西洋的绚烂之光”，突尼斯的“泉水，就在你的手中”；摩纳哥的“关于保护环境与海洋的摩纳哥之历史责任”；瑞典的“开放的思想、开放的空间”；巴基斯坦的“以人类之爱保障持续发展”；土耳其的“土耳其：连接海洋和大陆的文明之国”；俄罗斯的“海洋与人类，从过去到未来的旅程”；日本的“日本的未来与海洋”；新加坡的“小城市、大梦想——悖论的美学”；美国的“多样性、敬畏心及海洋法”；马来西亚的“耀眼的海洋文化：丰富的海洋遗产”；澳大利亚的“澳洲：与海共存”；柬埔寨的“文化和自然——创造性的海洋活动”；越南的“越南：海洋、岛屿以及人类”；文莱的“从森林到珊瑚礁——可持续发展的生物学多样性”；埃及的“埃及：思索文明”；印度的“海洋和社会”等。而中国提出的“人海相依”理念宣告着在世界各国推动海洋文明的共识声中，中国也迎来了全面开发海洋的新时代。[①]

党的十八大报告首次明确提出要建设“海洋强国”，这是既包括海洋经济、科技、军事等硬实力，又包括海洋文化、精神、价值等软实力在内的综合性、整体性和一体

---

① 李涛，走向海洋时代的中国经济与文化研究——兼论中国海洋版图中的舟山海洋文化产业．中国传媒报告，海洋文化产业研究2012特辑：9-24。

化建设。海洋强国建设与海洋文化建设是两个相互依托、相互支持的国家战略，海洋强国建设需要先进海洋文化的支持，世界海洋强国之间的海洋竞争，在一定程度上就是海洋文化的竞争，是海洋思维、海洋意识等文化因素在综合国力中的体现。海洋文化建设与产业发展是海洋强国建设的重要内容和应有之义，为建设海洋强国提供了强大的精神动力和智力支持，也决定了一个国家海洋经济发展的成败，关系到中华民族的伟大复兴，具有重大的现实意义和深远的历史意义。

浙江区位条件优越，位于我国“T”字形经济带和长三角城市群核心区，是全国“两纵三横”城市化战略格局中沿海通道的重要组成部分。浙江是海洋大省，拥有海域面积约 26 万平方千米，相当于陆域面积的 2.56 倍；海岸线 6 696 千米，占全国海岸线总长的 20.9%；大于 500 平方米的海岛有 2 878 个，约占全国岛屿总数的 40%；拥有近 26 万公顷滩涂资源，约占全国的 13%。浙江也是海洋文化大省。至迟在 7 000 年前的新石器时代晚期，浙江沿海先民就在这片辽阔的海域上挥洒着自己的智慧，创造了辉煌的海洋文化。从河姆渡人最原始态的海洋捕捞，到唐宋时期声名远扬的“海上丝绸之路”；从郑和下西洋时的庞大船队，到世界第一跨海大桥——杭州湾大桥的全线贯通，都充分展示了浙江沿海居民认识、开发、利用海洋的智慧与能力。浙江海洋文化领域涉及海洋渔业文化、海洋盐业文化、海洋交通文化、海洋民俗文化、海洋神话传说、海洋民间信仰、海洋军事文化、海洋饮食文化、海上移民文化、海洋名人文化、海洋文学艺术、海洋旅游文化等方面，它们源远流长，内涵丰富，底蕴深厚，气度恢宏，境界高远，风格豪放，有别于其他地域文化而成为一道独特的文化景观，具有鲜明的地域特色和资源竞争力。

海洋文化有着强大的生命力和吸引力，也是新时期文化产业的潜力股，具有广阔的开发前景。特别是现代科技的迅速发展，加入到文化产业行列，海洋文化将插上腾飞的翅膀。海洋文化产业是指凭借海洋自然资源和文化资源、依托于海洋风光、渔业文化、海洋民俗文化、海洋饮食文化、海洋艺术等而形成的文化产业门类，包括滨海文化旅游业、涉海出版发行业、涉海节庆会展业、涉海影视动漫业、涉海工艺品业、海洋演艺娱乐等方面。近年来，浙江海洋文化产业取得令人瞩目的成绩。2014 年浙江省海洋及相关产业总产出为 19 655.05 亿元，比上年增长 10.1%，其中，第一产业 709.39 亿元，第二产业 11 219.49 亿元，第三产业 7 726.17 亿元，分别比上年增长 4.2%、7.0%、15.7%。2014 年，全省海洋第三产业总产出 7 726.17 亿元，同比增长 15.7%；增加值 3 068.05 亿元，同比增长 6.5%。以滨海旅游业、港口运输业、海洋批零贸易餐饮业、海洋服务业等为主导的海洋第三产业占据浙江省海洋经济的半壁江山，占全部海洋经济增加值的 53.3%。2014 年，全省海洋服务业增加值 1 523.49 亿元，同比增长 5.2%。

作为海洋文化产业重要组成部分的滨海旅游业继续保持快速增长，2014 年全省滨海旅游业增加值 887.77 亿元，同比增长 9.3%，接待国内游客人数 31 838.66 万人次，同比增长 19.4%。但相较于上海、广东等滨海省市，还有较大的差距：海洋文化研究起步较晚，在学术界没有形成主题学科和完整的理论体系，在一定程度上制约了以海洋文化为核心内容的文学艺术的发展；同时，国民海洋意识还不够强，海洋文化的影响力和凝聚力不足，未能形成对海洋文化遗产的全面保护；海洋文化产业发展尚未形成规划，发展水平与我国实施海洋开发战略、海洋经济建设的目标还不相适应，海洋文化产业还不足以成为文化产业的重要组成部分①。《浙江海洋文化产业发展报告》的编撰，正是此背景下，通过借鉴国内外相关专家学者最新研究成果的基础上，就浙江海洋文化产业发展进程中诸多问题开展的学术探索活动。

《浙江海洋文化产业发展报告》由三份综合报告、五份专题报告组成。总报告遵循“发展基础—发展概况—产业分析—发展评价—发展对策”的逻辑思路，全面、系统分析和把握浙江文化产业发展基础、现状、特征、问题，在此基础上，构建了浙江海洋文化产业发展格局与对策建议；专题报告聚焦海洋文化旅游产业、海洋博物馆产业、海洋节庆产业、港口文化创意产业以及海洋游娱民俗产业发展等进行深度分析，以丰富并深化人们对浙江海洋文化产业发展的认识与理解。报告紧扣国内外文化产业发展规律，顺应浙江海洋文化产业发展需求，探寻浙江海洋文化产业发展规律，以期促进浙江海洋文化产业可持续发展，为海洋经济健康、稳定运行提供系统、全面、科学的理论依据和决策参考。

本书由浙江省重点创新团队（文化创新类）——“海洋文化研究创新团队”成员协作完成，为浙江省海洋文化与经济研究中心重大招标课题（项目编号：14HYJDYY04）研究成果之一。本书由苏勇军副教授负责提纲拟定、研讨组织、全书统稿等工作，相关章节分工如下：前言、第二章、第四章、第七章、第八章由苏勇军撰写，第一章、第五章由金露撰写，第三章由马仁锋撰写，第六章由周娟撰写。

本报告得以付梓，是和各方力量的帮助和支持分不开的。要感谢浙江省海洋文化研究创新团队负责人龚缨晏教授、宁波大学人文与传媒学院院长张伟教授、浙江省哲学社会科学重点研究基地——浙江省海洋文化与经济研究中心主任李加林教授等一直以来的关心、支持和帮助；感谢海洋文化团队各位同仁以及宁波大学旅游管理系各位同事对本书写作的鼓励和建议；感谢海洋出版社编排人员为本报告付出的辛劳。

---

① 刘家沂．发展文化产业 繁荣海洋文化．中国海洋报，2014-05-19。

海洋文化产业研究涉及历史学、文化学、管理学、经济学、社会学等众多学科领域。限于我们学力有限，书中难免有错误或不当之处，敬请广大读者批评指正。本报告亦广泛吸收该领域最新的研究成果，尽可能在书中一一注释说明，若有遗漏，敬请见谅，在此一并感谢！

浙江省海洋文化研究创新团队
浙江省海洋文化与经济研究中心
2016 年 6 月 25 日

目　录

第一部分　总报告

第二部分 专题报告

第一部分

总 报 告

第一章　浙江海洋文化资源总体格局与发展路径

浙江地处我国大陆海岸的最东端，北濒杭州湾，处于长江与钱塘江交汇处，南部紧邻福建，沿海包括嘉兴、杭州、绍兴、宁波、舟山、台州、温州 7 个地市（表 1-1），其相关陆域面积 2.81 万平方千米，约占全省陆域面积 10.36 万平方千米的 27.1%。领海和内水海域面积 4.44 万平方千米，包括专属经济区及大陆架在内的海域面积约 26 万平方千米（相当于全省陆域面积的 2.56 倍）。据 908 专项调查数据统计，浙江省陆域海岸线长约 6 696 千米，占全国总海岸线长的 20.9%以上；海岛总数约 3 800 个，约占全国海岛总数的 40%。

表 1-1　浙江沿海区域市区县行政区划统计表

地　名		人口（万人）	面积（平方千米）	地　名		人口（万人）	面积（平方千米）
嘉兴市	平湖市	48	536	舟山市	定海区	37	569
	海宁市	64	681		普陀区	32	459
	海盐县	36	503		岱山县	20	326
杭州市	滨江区	13	73		嵊泗县	8	86
	余杭区	81	1222	台州市	三门县	56	1072
	萧山区	118	1163		临海市	112	2171
绍兴市	柯桥区	70	1196		椒江区	48	276
	上虞市	77	1427		路桥区	43	274
宁波市	余姚市	83	1346		温岭市	115	836
	慈溪市	102	1154		玉环县	40	378
	镇海区	22	218	温州市	乐清市	117	1174
	江北区	23	209		鹿城区	67	294
	海曙区	30	29		龙湾区	32	279
	江东区	25	38		洞头区	12	100
	北仑区	35	585		瑞安市	113	1278
	鄞州区	78	1481		平阳县	85	1042
	奉化市	48	1253		苍南县	123	1272
	宁海县	59	1880	合　计		2044	26848
	象山县	53	1172				

资料来源：杨宁.《浙江省沿海地区海洋文化资源调查与研究》北京：海洋出版社，2012：2。有调整。

浙江不仅因岛屿众多、海岸线漫长、深水良港多而拥有得天独厚的海洋经济资源，而且在长达数千年的历史演进过程中，浙江沿海人民与海为伍，在开发海洋、利用海洋为自身生存服务的同时，创造出灿烂的海洋文化，为后人留下了丰富的物质文化遗产资源和非物质文化遗产资源。

第一节　浙江海洋文化资源的总体格局

一、海洋文化资源的内涵及外延

“人类从陆地走向海洋源于海洋所创造的文明形式，自成一个相对独立的小系统。基于航海和贸易传统形成大小不一的海洋经济圈，有自己的文明发展过程，并保持了历史的连续性。当相互隔绝的陆地文明通过海洋实现接触和沟通之前，首先都是吸收、继承和发展本海域的航海传统和贸易网络，从近海走向海洋的。”[①]中国的海洋文化并非陆地文化的自然延伸，而是有自己的起源、发展的过程。海洋文化，作为人类文化的一个重要构成部分和体系，就是人类认识、把握、开放、利用海洋，调整人与海洋的关系，在开发利用海洋的社会实践过程中形成的精神成果和物质成果的总和，具体表现为人类对海洋的认识、观念、思想、意识、心态以及由此而生成的生活方式，包括经济结构、法规制度、衣食住行、习俗和语言文学艺术等形态[②]。

海洋文化资源是人们在长期接触海洋、利用海洋和征服海洋的实践过程中所创造的历史文化资源总称。具体来说，海洋文化资源是人类在沿海发展、港口建设、船舶建造、航海技术、航路开辟、政治联结、文化传播、商品生产、贸易互利等诸多方面，通过开发、利用海洋环境空间而存留下来的物质及文化遗存。因此海洋文化资源不仅能够反映出沿海居民适应、利用和开发海洋的文化史，而且能够折射出整个中国的海洋文明历程。

海洋文化资源包括海洋物质文化资源和海洋非物质文化资源。前者包括海洋自然文化资源和海洋历史文化资源，其中海洋自然文化资源主要指地质和环境变化的自然造物，如海中被附会成民间人物的奇山奇石、被附会了宗教信仰的奇礁等；海洋历史文化资源指涉海文化遗址、古船、古航线、海防卫所建构、古渔村和历史事件发生地

① 杨国桢．宋元泉州与亚洲海洋经济世界的互动．泉州港与海上丝绸之路（二），北京：中国社会科学出版社，2004：第 40-41 页。

② 曲金良．发展海洋事业与加强海洋文化研究．青岛海洋大学学报（社科版），1997（2）：1-3。

遗址等。海洋非物质文化资源指沿海区域人民世代相承的、与群众生活密切相关的各种传统文化的表现形式和表达空间。

海洋文化资源的构成复杂，分类的方法很多，这里根据可视性将海洋资源划分为物质文化资源和非物质文化资源（表 1-2）。

表 1-2　海洋文化资源分类

大　类	主　类	亚　类	基本类型
海洋物质文化资源	海洋自然山水文化资源	近海自然山水文化资源	大型沙滩、海面景象（潮汐、海浪）、岩石基岸（岩岸、海蚀穴、海蚀柱、海蚀崖、海蚀台、海蚀拱）、天文气象景观
		远海自然山水文化资源	海岛、岩礁
		海底自然景观资源	海洋生物、海底风貌
	海洋文化遗址遗迹	史前人类海洋活动遗址遗迹	人类海洋活动遗址、贝丘文化遗址、文物散落地、受海洋影响原始聚落
		社会经济文化活动遗址遗迹	海洋历史事件发生地、海防海战军事遗址、海洋宗教信仰寺庙、废弃海洋产品生产地、航海交通遗址、滨海废城与聚落遗迹、沉船遗迹
	海洋建筑	海洋综合人文场所	海洋教学科研实验场所、滨海康体游乐休闲度假地、海岛康体游乐休闲度假地、海洋宗教与祭祀活动场所、海洋文化活动场所、海洋建设工程与生产地、社会与海洋商贸活动场所、海洋动物与植物展示地、海防军事观光地、海上边境口岸、海洋纪念品商店、海上体育项目设施、海洋文化主题公园
		海洋人文单体场馆	海洋文化陈列博物馆、海洋主题歌剧院
		海洋宗教文化建筑与附属建筑物	海洋宗教塔形建筑物、海洋宗教楼阁、海洋宗教石窟、海洋文化摩崖石刻、海洋文化碑碣（林）、海洋文化建筑小品
		海上交通建筑	海港渡口与码头、跨海大桥、海底隧道
		海滨（上）水利建筑	海堤、海塘
		归葬地	海洋名人归葬建筑、海洋特色归葬建筑
	海洋设施	海洋旅游接待设施	海上酒店、海底酒店、邮轮
		围海造地工程设施	人工海岛、海上农田、海上盐田、海上油气田、海上电站、滨海砂矿、海上工业基地、海上农业基地、海上商贸基地、海上渔业基地
		海洋产业生产设施	海洋渔业生产设施、海洋盐业生产设施、海洋交通运输业生产设施、海洋油气业生产设施、海洋船舶工业生产设施、海洋生物医药业生产设施、海洋工程建筑业生产设施、海洋化工业生产设施、海水综合利用业生产设施、滨海矿砂业生产设施、海洋能利用业生产设施
		海上交通设施	灯塔、船舶、重要航标

续表

大　类	主　类	亚　类	基本类型
海洋物质文化资源	沿海聚落	滨海、海岛居住地与社区	海洋传统与乡土建筑、海洋文化特色街巷、海洋文化特色社区、名人故居与历史纪念建筑、海洋行业会馆、海洋文化特色店铺、海洋文化特色市场
		滨海、海岛居住地与乡村	滨海现代城市、海岛现代城市、沿海渔村、滨海和近海历史文化名城、滨海与近海古集镇
	海洋旅游商品	海洋食品	天然采集海洋食品、初加工海洋食品、深加工海洋食品
		海洋工艺工业品	海洋材质手工产品与工艺品、海洋原料日用工艺品、其他物品
海洋非物质文化资源	海洋人事记录	海洋人物	古代海洋文化名人、近代海洋文化名人、现代海洋文化名人
		海洋事件	古代海洋文化历史事件、近代海洋文化历史事件、现代海洋文化历史事件
	海洋艺术	海洋文艺团体	专业海洋文艺团体、业余海洋文艺团体
		海洋文学艺术作品	口头海洋文学、书面海洋文学、海洋美术作品、海洋舞蹈作品、海洋音乐作品
	海洋民间习俗	海洋经济民俗	海洋生产劳作民俗、民间交易习俗、饮食习俗、特色服饰、居住方式、海洋产业行业特殊节庆仪式
		海洋社会民俗	家族亲族民俗、人生礼仪习俗、民间社交民俗、民间节庆、民间演艺、民间游艺活动与赛事、庙会与民间聚会
		海洋信仰民俗	海洋信仰宗教活动
	海洋节庆	海洋现代节庆	海洋旅游节、海洋文化节、海洋商贸节、海洋生产类节庆、海洋休闲体育节庆
	海洋产业技能	海洋产业特殊传统技能	海洋渔业传统技能、海洋盐业传统技能、海洋交通运输业传统技能、海洋船舶业传统技能、海洋工程建筑业传统技能、海洋砂矿业传统技能、海洋能利用传统技能
		海洋产业现代科学技术	海洋渔业现代科技、海洋盐业现代科技、海洋交通运输业现代科技、海洋油气业现代科技、海洋船舶业现代科技、海洋生物医药业现代科技、海洋工程建筑业现代科技、海洋化工业现代科技、海水综合利用业现代科技、滨海砂矿业现代科技、海洋能利用现代科技

资料来源：高怡，袁书琪．海洋文化旅游资源特征、涵义及分类体系．海洋开发与管理，2008（4）：61-66；马树华．中国海洋无形文化遗产及其保护//曲金良．中国海洋文化研究（第4-5卷），北京：海洋出版社，2005：182-191；王苧萱．中国海洋人文历史景观的分类．海洋开发与管理，2007（5）：83-88。

二、浙江海洋文化资源的类型

由于资源要素在组合上的相关性，资源事实上是自然因素与人文因素的综合统一体，在空间上应视为一个整体。资源并非孤立存在，它必然与资源的其他要素构成一个统一的整体。同时个别类型的海洋资源因其组成部分和涉及面的综合性及影响的广泛性，使其兼具物质与非物质文化资源的特征，两方面相互依存、不可割裂。此类资源根据其关键因素的可视性划分。浙江海洋文化历经数千年的演进、整合与重构，内容丰富，留存了体系庞大、特色鲜明的物质及非物质文化资源。

（一）浙江海洋物质文化资源

海洋物质文化资源中以物质形态存在的海洋文化资源形式，主要包括山海景观资源、海洋聚落资源、文化场馆、文化遗存、现代生产生活场地与设施、宗教及民间信仰场所等。

1. 山海景观资源

中国的资源中自然美和人工美总是和谐地结合在一起，传统的山海名胜不仅以烟波浩渺、云蒸霞蔚、海山壮丽的自然景色取胜，而且这些只要一经人们发现，或以文记或以口传，或以影视拍摄，总是精心描摹独特的美，抒发欣赏美的感受，并以其个性定位，且为大家认同，自然美和人们的审美之间是如此契合，人们对自然的认同是如此精到，甚至将情感好恶寄情于自然。经历代志士仁人、能工巧匠的努力，这些由人们知识、态度、价值观构成的山海的“隐在文化”逐渐地转化为显露在外的，人们可触可摸可感的“显在文化”，这些显在文化尽管自身有其丰富的文化内涵，但是它们的内蕴只有置放在相应的山海之中才有其个性魅力。

比较有代表性的山海景观资源如杭州、宁波、温州等地独具港湾资源特色，是我国主要的海岸文化资源；岱山、普陀山等海岛文化资源，海山壮丽、风景宜人，其中舟山群岛及享有“海天佛国”之称的普陀山海滨最为世人所称道。

2. 海洋聚落资源

聚落本意为村落，指人们聚居的地方，广义上包括都市、城镇、乡村等。古代的聚落往往具有多种功能。如城市的“城”是指具有防御功能的城池，“市”则是指贸易、交换功能，现在的城镇多指人口集中、工商发达的聚居地，成为一个地区政治、经济、文化的中心。

浙江是我国的海洋大省，境内渔村古镇众多，著名的沿海古集镇、古渔村有马岙、沈家门、东沙、东极、六横、嵊山、洞头北岙、玉环坎门等。这些自然与人文景观相得益彰的渔村、古镇见证了沿海社会的历代变迁，如今依然不失古朴且焕发出新貌，吸引着八方游客来此休闲度假，访古探幽，品尝海鲜美食，体验渔家风情。宁波象山石浦是浙江保存完好的古集镇之一。

石浦是一个有着 600 余年历史的渔港古城，位于长三角经济中心区的南翼，浙江中部沿海，宁波市象山县南部。依山面港，陆地总面积 119.5 平方千米，其中沿海岛礁 176 个。石浦早在秦汉时即有先民在此渔猎生息的记载，唐宋时已成为远近闻名的渔商埠，海防要塞，浙洋中路重镇。如今，石浦是国家二类开放口岸、全国渔业第一镇、浙江省首批历史文化名镇。石浦古城沿山而筑，依山临海，人称“城在港上，山在城中”。它一头连着渔港、一头深藏在山间谷地，城墙随山势起伏而筑，城门就形而构，居高控港是“海防重镇”石浦古城雄姿的主要特征。老屋梯级而建，街巷拾级而上，蜿蜒曲折。石浦因渔而兴港，也因港而兴渔，使她成为历史上沿海中路一个重要的渔港、商港、军港。而散落在岛礁港湾、屋后庭前、茶余饭后的海洋文化、渔文化，也成了港城的一段历经岁月的家酿酒。

3. 海洋历史遗址遗迹文化资源

海洋历史遗址遗迹是人类在开发、利用海洋的社会历史实践中形成并保留下来的物质成果，这种海洋历史文化的物化形态可以使人通过物质实体深切体会海洋历史文化的内涵，其本身蕴含了大量历史文化信息，具有重要的历史观赏价值和旅游开发价值。

（1）考古遗迹与博物馆资源：考古遗迹方面如贝丘文化遗址资源。生活在海滨的人们以丰富的海产品为食物来源，当年他们吃剩的贝壳大量堆积起来，形成贝丘。在我国沿海，包括现为内地的古代沿海，有着数不胜数的贝丘文化遗址，有许多是数万年、数千年前先民留下的。

位于东距宁波 25 千米的河姆渡遗址是我国 20 世纪新石器时期文化遗址考古重大发现之一。河姆渡文化的确立，证实长江流域也是中华民族文化的发祥地。遗址内涵丰富。其中第 2 次发掘出土的 6 件木桨、独木舟残件、陶舟模型等水上原始交通工具和鲸、鲨鱼等深海动物遗骨，证明了宁波先民早在 7 000 年前已从陆地迈向海洋。出土的 7 000 年前人工种植稻谷，证实遗址是环太平洋地区稻作农业的发源地之一。其稻谷通过原始水上交通工具先后向太平洋沿岸及诸岛传播。原始水上工具的出现，为我国及世界舟船起源提供了极有价值的物证，使中国舟船出现的时间提前了几千年。遗址出土的许多有段石锛是制造原始舟船的工具并向环太平洋传播，河姆渡又是世界

有段石锛的发源地。河姆渡还是中国最早出现的原始寄泊点。河姆渡文化内涵非常丰富，包括人类原始生活中最需要的衣食住行的各个方面，具有原始的海洋文化与农耕文化的双重特征，是原始造船、航海的发祥地之一，为探索海洋文化的起源，提供了原始物证和线索，具有重大的研究价值①。

其他海洋考古遗迹还有桨和独木舟、造船工场、煮盐遗迹、博物馆、主题公园方面以及其他以海洋文化为主题的专门博物馆。

（2）水下文物资源：在茫茫大海之中，人类的文明古迹、沉船、沉物等不计其数。这些丰富的水下文物资源是连接港口之间、陆海之间的海洋物质文化与精神文化的核心载体，从远古的独木舟到现代的大船，其间经历了无数次的改进和变革，凝聚了民族的、社会的、心理的需求和满足，记录着人类探索和征服海洋的历程。仅在我国沿海海岸一带，就有超过 2 000 艘的沉船，每条沉船都有一个神秘的历史故事，都是一个巨大的水下文化资源宝库，反映了古时海上丝绸之路的兴盛与海洋文化的繁荣。如考古人员于 2008 年 10 月在象山发现的一艘清代木质古沉船，残长 20.35 米、宽 7.85 米，船上还发现了 430 余件精美的青花瓷器、数十枚清代铜钱、被火烧过的木质标本等等，这些水下文物的文化内涵和历史价值还有待进一步评估，但也足以成为象山海域曾是繁华黄金水道的有力佐证。如象山小白礁 I 号沉船，考古人员已从沉船中采集到了陶器、瓷器、铜器、锡器、银币等各类文物 473 件。瓷器多为青花，陶器器型有罐、壶和砖等，铜器主要为铜钱。另外，还有“盛源合记”玉印、西班牙银币、锡盒等珍贵文物。

（3）港口遗址资源：浙江省海岸线漫长，港口密布，港口是人员、物资的集散地，文化交流融合的发生地。浙江沿海历来是我国对外联系的门户地区，独特的自然环境和地理位置使其成为孕育港口的摇篮，从杭州湾北岸的杭州港、嘉兴港到杭州湾南岸的宁波港、舟山港、台州港、温州港等等，这些港口对于海洋文明的发展起着极其重要的作用，各有辉煌的历史与卓越的贡献。历史上的港口记载着昔日海洋文化的辉煌，宁波即是我国古代四大海港：扬州、明州（今宁波）、泉州、广州之一，即可想见中古时期海上丝绸之路的盛况。如今的宁波天封塔和海运码头遗址即是当时的历史见证。

（4）海堤、海塘资源：海堤、海塘是古往今来人们开发利用海洋的陆上见证，浩大的工程、雄伟的气势体现出国人的聪明才智和改造自然的伟大成就。浙江海塘以钱塘江口为界，北岸称浙西海塘，自杭州狮子口起，至平湖金丝娘桥止，塘工实

① 曲金良. 中国海洋文化研究（第 4-5 合卷）. 北京：海洋出版社，2005：109。

长 137 千米。又可分为杭海段（杭州—海宁）和盐平段（海盐—平湖）。大规模修筑记载始于唐代。五代梁开平四年（910 年）吴越王钱镠在杭州采用竹笼木桩法筑塘，塘外的大木桩起防浪消能护脚作用。北宋改用梢料护岸，薪土筑塘，修筑“柴塘”，特别适用于软基险工段抢修。景颢四年(1037 年)工部郎中张夏在杭州创筑块石塘，弘治元年（1488 年）谭秀改石塘砌法为内横外纵式。稍后王玺再改为用方块石料纵横交错砌成内直外坡式，称为样塘。嘉靖二十一年（1542 年）经黄光升改进，创建五纵五横鱼鳞大石塘，在塘身后面开“备塘河”排水和防海水渗入农田。钱塘江南岸海塘通称浙东海塘，自萧山至上虞县境为江塘，其中萧绍段（萧山至绍兴）长 103 千米，百沥段（上虞县百官至上虞夏盖山、沥山）长 39 千米，夏盖山至镇海段为海塘长 115 千米，自萧山至镇海总长 257 千米。因钱塘江口南岸有山，潮灾较轻，历代修治工程规模较北岸小。唐开元十年（722 年）有增修会稽（今绍兴）防海塘百余里的记载。宋代已有石塘出现，明代屡次增修，其中 1/3 为石塘。余姚海堤始建于北宋，在庆历年间（1041—1048 年）有海堤 2 800 丈。南宋时增修 4 200 丈，元代又修石堤 3 100 余丈。上虞有海堤 2 000 余丈，明洪武年间又筑 4 000 丈。清代南岸潮灾加重，康熙五十九年（1720 年）冲坍上虞夏盖山以西土塘，后改修为石塘 1 700 余丈。浙东海塘之南，鄞县及浙南之平阳、瑞安等十余县自宋元也有修塘记载，但灾情不严重[①]。

（5）海防、海战遗迹资源：海防遗迹景观型是指历史上曾在沿海地区为保卫主权、领土完整和安全，维护海洋权益，进行海洋防卫和管理活动留下的烽火台、炮台、军营和屯寨等各种军事遗迹的统称。我国沿海地区有为数众多的古烽火台和炮台、军营和屯寨，许多“卫”“所”至今犹在。这些海防遗迹是沿海人们抗击外敌侵略的历史见证，是中华民族优秀历史文化的重要组成部分，是对人们特别是青少年进行爱国主义教育的生动教材，是一笔宝贵的历史财富。浙江的海防遗迹以明清两代的遗存为主。根据明万历三十年（1602 年）编纂的《两浙海防类考续编》，浙江沿海卫、所北起乍浦、南至蒲门，设置有卫处、所处。这些沿海卫、所，以浙江北部地区布置较疏，浙中、浙南布置较密。

（6）中外交流与“海上丝绸之路”文化资源：中外交流是人类活动和文化交流的产物，也是历史真实的客观表现，具有重要的文化意义。包括日本古代入华朝贡与中国出使海道，东亚及日本列岛之间的海上经贸文化往来遗迹，“海上丝绸之路”浙江始发港宁波等地的古港口、灯塔、祈风石刻、“藩客街”旧迹、古船遗物等。另外“海

① 李加林．浙江海洋文化景观研究，北京：海洋出版社，2011：124－125。

上丝绸之路”贸易的繁荣极大地带动了当地及附近地区手工业和交通的发展，相关的古窑址、手工作坊遗址、驿道、桥梁等亦有相当的文化资源价值。宋元时，嘉兴经济较发达，被称为“百工技艺与苏杭等”，“生齿蕃而货财阜，为浙西最”。乍浦、澉浦、青龙等港口外贸频繁，海运兴隆。嘉兴府在农业和手工业发展的基础上，商品经济日渐繁荣，棉布丝绸行销南北，远至海外，嘉兴王江泾镇的丝绸有“衣被天下”的美誉，嘉善有“收不完的魏塘纱”的谚语，桐乡濮院镇丝绸“日产万匹”，名闻遐迩。又如鉴真和尚东渡日本，再如郑和七下西洋，或从浙江沿海出发，或经过浙江海洋航道，在沿海地区留下的遗迹非常丰富。此类文化资源中典型的包括：宁波的天童禅寺和阿育王寺、北宋的高丽使馆遗址、清代的天主教堂和庆安会馆及宁波“海上陶瓷之路”发祥地上林湖越窑遗址等。上林湖越窑遗址位于慈溪市桥头镇栲栳山麓的上林湖一带。窑址分布范围包括上林湖、上岙湖、杜湖、白洋湖和古银锭湖，是一个以上林湖为中心的窑群遗址区。上林湖越窑遗址已发现有200余处，烧造历史自东汉至宋，晚唐、五代、北宋初期是越窑发展的鼎盛时期，上林湖作为越窑的中心产地，朝廷先后在此设立“贡窑”和“置官监窑”，大量烧制“秘色瓷”。其产品不仅上贡朝廷，而且还通过海路大量运销亚非各国。越窑青瓷成为我国最早运销海外的大宗贸易陶瓷，被誉为开拓海上“陶瓷之路”的先驱。

（二）浙江的海洋非物质文化资源

面海的浙江和面陆的浙江一样古老，其海洋非物质文化资源丰富多姿，并有着鲜明的区域特征。

1. 海洋民俗文化资源

海洋非物质文化资源当中，最具独特性的当数沿海区域的民风民俗，不同区域的人们在从事海洋活动或海洋性社会活动中产生的海洋民俗风情、海洋节庆、海洋传说等造就了独特的海洋民俗文化资源。这些民俗在漫长的历史岁月中，成为循环运行、准时的文化时钟，可称为海洋文化的活态编年史。它涉及生活的各个领域，既包括海洋社会组织民俗资源，如血缘组织、地缘组织、业缘组织等，又包括海洋社会制度民俗资源，如衣食住行、人生礼仪、岁时节日民俗以及民间娱乐等。比如海滨饮食习惯，食俗以海产品为主要原料，并以海食居于正统地位，用于先人的祭祀典礼。此类资源中还有一些现代都市海洋节会游艺资源，如象山开渔节等。

2. 海洋信仰文化资源

海洋信仰是在长期的历史发展过程中，在涉海民众中自发产生的一套神灵崇拜观念、行为习惯和相应的仪式制度。它世代相承，拥有广泛的社会基础。从早期的图腾或自然崇拜类海神，到人神同形的海神——海龙王，再到人鬼海神的代表——妈祖，无不映照着中国海洋文化的变迁。

中国人的海洋信仰文化基调是信奉龙，中华民族龙图腾文化现象在世界上是最古老、延续时间最长、影响最深的文化现象，中国人民信仰龙比西方人信奉海神波塞冬和天神宙斯要早得多，影响也大得多，关于龙的故事、龙的造型、龙的图画、祭祀龙的活动，可谓四海皆有，代代流传。为了祀求平安和丰收，沿海各地遍设龙王庙，从事海上活动都要祭祀东海龙王，由此衍生的龙舟文化在我国东南沿海地区也得到挖掘，如一年一度的龙舟赛。

另外，我国海洋的民间信仰中影响最广的是妈祖天后信仰。妈祖阁、天妃宫、天后宫等妈祖信仰场所散布在宁波、台州、温州等沿海乡镇。位于浙江省宁波市区三江口东岸的天后宫-庆安会馆，于清咸丰三年(1853 年)建成，为甬埠北洋船商捐资创建，既是祭祀天后妈祖的殿堂，又是行业聚会的场所，系我国八大天后宫和七大会馆之一，又是江南现存唯一融天后宫与会馆于一体的古建筑群。庆安会馆为甬埠行驶北洋的舶商航工娱乐聚会场所，也是一座祭祀“天后神”的宫殿。占地 0.5 公顷，建筑面积 5 062 平方米，平面布局呈纵长方形。现存宫门、仪门（连戏台）、正殿（连戏台）、后殿、厢房、偏房及董事与管理人员住宅等。正殿采用石雕、砖雕和朱金木雕作为装饰，突出展现了浙东一带雕刻艺术，堪称精品之作。庆安会馆是宁波古代海上交通贸易史的历史见证，也是妈祖文化的物证。

海洋信仰总是通过一定的方式表现出来。所谓靠山吃山，靠海吃海，生活在海边的渔民们祖祖辈辈以渔为生。过去，在与大自然的长期斗争中，由于生产作业能力有限，海难事件时有发生，渔民们便将对平安和丰收的希望寄托于对海神的虔诚祈拜。在他们看来，要吃饱吃好，非常需要海神的保佑，所以祭海就成了一件关乎生计的大事。海祭是涉海民众向海神乞求保佑或趋祸避灾的主要方式，它世代传承，具有相应的仪式制度，一般包括摆设供品、焚香烧纸、燃放鞭炮、还愿许愿、唱戏酬神等。

3. 宗教文化资源

浙东沿海山川壮美，林壑灵秀，气候宜人，召唤历代僧人、道士驻足，或在深山老林、或在海岛荒滩，结茅为庵，营造了为数众多的名山祖庭、古刹大寺、宫观庙堂、洞天福地，为后人留下了荟萃时代精蕴的巨构。这些形成于不同时代的宗教圣迹，凝结了浙东人民的智慧和审美创造能力，充分显示出浙东宗教文化的深厚积淀，尤其是深邃的宗教智慧和灿烂的宗教艺术更是文明的瑰宝。如素有“东南佛国”之称的宁波天童寺殿宇金碧辉煌、结构玲珑剔透，画栋雕梁、建筑精美，规模宏大为国内罕见，

同时它既是临济宗的重要门庭，还是日本曹洞宗的祖庭；普陀山宗教文化与观音信仰紧密相连，大量的古刹梵宇、建筑、塑像、书画、诗文、音乐、碑文、石刻以及传统的观音香会、民间习俗、传说等形成独特的观音文化。

天台山是佛教五百罗汉道场，中国佛教天台宗的发祥地。南朝陈时，智顗入天台，在台州各地兴建道场，播传佛经大义，创建了佛教流传到中国后教旨最为严密的宗派——天台宗。唐宋时期，天台宗陆续传播到日本、朝鲜、东南亚一带，这些地方的天台宗佛教寺院，直至现在都以天台为祖庭。台州现存的著名寺院有：天台国清寺（隋炀帝为智顗建）、万年寺、石梁方广寺、华顶寺、高明寺、智者塔院等；临海龙兴寺（日本最澄大师求法处）、法轮寺、三峰寺、延恩寺等；黄岩瑞岩寺、灵石寺、广化寺等；路桥普泽寺、善法寺、香严寺等；椒江清修寺、摄静寺（章安大师出家处）、崇梵寺（智者放生池）等；温岭流庆寺、小明因寺等；仙居南峰寺等。台州也是中国古代方士的修炼场所和道教的最早传播地。南朝时期，陶弘景在天台山、灯坛山、括苍山、玉榴山精修道教，开创佛道双修理论，奠定了台州道教发展的理论基础；唐代司马承桢居天台山玉霄峰桐柏观30多年，整理道家典籍，形成《桐柏道藏》，名重天下，武后、睿宗、玄宗三代皇帝四次召见问道；唐代杜光庭入天台山，融儒道学说于一体，将“体、用”哲学范畴引入道教，为道教的理论发展开辟了新领域；宋代张伯端采众家之长，创立道教南宗，天台桐柏宫也成为道教南宗祖庭。而中国道教的十大洞天中，台州就有三个。如今，台州现存的道教著名洞天宫观有：天台桐柏宫（迁建）、赤城山玉京洞（第六洞天）、仙居括苍洞（第十洞天）、黄岩委羽山大有宫（第二洞天）、临海紫阳宫等。

4. 海洋艺术资源

海洋艺术是通过塑造具体生动的形象来表现海洋、反映海洋社会生活的意识形态，它最大的特点就是依靠色、声、形、情等静态和动态的形象来表现人们对海洋社会生活的理解、情感、愿望和意志，按照审美的规则来把握和再现生动的海洋社会生活，并用美的感染力具体地影响海洋社会生活。海洋艺术资源具体包括海洋建筑、海洋雕塑、涉海书法、绘画、装饰、海洋文学艺术、海滨海上旅游鉴赏、海洋生物标本展览等艺术形式的海洋文化资源以及涉海音乐、舞蹈、美术、戏曲等海洋民间艺术资源。

大海的神秘、雄奇、广远，令人有无限遐想，易于激起人们的创作灵感。古今以“海”为题材的艺术创作连篇累牍，名篇佳作又为“海”平添魅力。主要包括：涉海舞蹈艺术资源。如曾流行于宁波、舟山渔区的跳蚤舞，舞者在变化多端、铿锵有力的浙江民间锣鼓音乐伴奏下，模仿颠簸渔船上劳作的基本动作，节奏鲜明有力，舞蹈动作灵活，富有浓厚的生活气息。

海洋建筑和雕塑艺术资源等，如古代灯塔，航标等。再如我国沿海和东南亚妈祖信仰圈中在城镇码头的街心经常可见的妈祖塑像，其作为信仰的偶像功能已经让位于艺术鉴赏的功能。

涉海书法艺术资源，是中国特有的海洋艺术，它是造型美和抒情美的结合，如画、如诗、如乐，它依靠着流动的笔迹线条，不但曲折地联结着海洋的风情和文化资源的美，而且直接表现人们内心的美。作为其表现形式的匾额、楹联、书画、题刻等，本身便是造诣很高的艺术精品，其内容或精辟深邃或富于哲理。

海洋文学艺术资源作为人类海洋文化创造的心灵审美化形态，记录和展示着人类海洋生活史、情感史和审美史，是人类海洋文明发展史上重要的精神财富。从先秦的海洋神话传说、诗歌咏唱，到秦汉魏晋南北朝时期史家大书其事、其他神仙等各家大张其说、辞赋诗歌之作迭出，再到唐宋元明清时代的涉海诗词、戏曲、小说，直至现当代作家们的涉海散文、滨海游记，海洋文学艺术作品之多，浩如烟海，灿若群星，不胜枚举，因其易于传播，受到广泛的欢迎，构成了独特的海洋文学艺术资源。

涉海工艺美术，指滨海民众自发创造、享用并传承的美术。如民间服饰、船艺、剪纸、祀面塑等。其内容丰富，题材广泛，传统图案以鲤鱼、金鱼、八仙过海、鲤鱼跳龙门、百鱼图等为主题，造型生动美观，生趣盎然。

5. 海洋语言文化资源

海洋语言文化资源指通过口语约定俗成、集体传承的信息交流系统，包括的内容广泛，主要有民俗语言和民间文学等，还有比较特殊的地名资源和语汇资源等。

民俗语言大致分为俗语、谚语、歇后语、称谓语、流行语等常用型民间熟语和行话、黑话、暗语、吉祥语、禁忌语、咒语等特用型民间熟语，这些滨海地区流行的、具有特定含义的口头习惯用语表达了广大涉海民众的思想，并承载着相关的民间文化，因此也是一种独特的海洋语言文化资源。

海洋民间文学是涉海民众集体创作和流传的口头语言艺术，主要包括神话、民间传说、民间故事、民间歌谣等。

我国的涉海神话非常丰富，如各类海神神话，岛屿神话等。海洋神话最主要的特质，是对海洋自然现象和社会文化现象起源的解释。海洋神话的内容广泛涉及宗教、哲学、科学知识、社会制度、习俗、历史、心理等。

沿海的传说也是产生很早的一种涉海故事体裁，涉及面也非常广泛，主要是关于特定的人、地、事、物的口头故事，如海洋地貌的传说、海洋生物的传说、海洋神怪

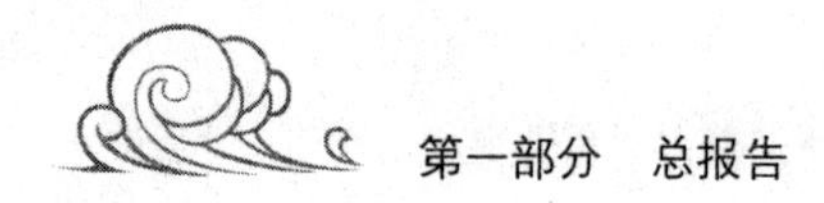

的传说、海洋人物的传说、海洋自然现象的传说以及关于各种风俗、海产品、民间工艺等的传说。如：各种渔船渔具传说，海体海水传说，海岛岩礁由来传说和覆盖面最广、流传密度最大、几乎是家喻户晓的海神送灯的传说等。

涉海民间故事最能反映出渔民的生活经验和渔民的生活情感，这往往与海洋生活习俗有很大的关联，所讲的内容则多带娱乐性，是虚构性故事体裁的总称。涉海故事讲的事件、人物大多不具有确定性，常常以“从前”“某渔村”等将故事中所讲述的人物、时间、地点一带而过。

涉海民间歌谣是各个不同历史时期涉海劳动人民集体口头创作的产物，它起源于海洋生产与人自身繁衍的人类求生存的实践活动，具有相当强的传承力。主要以方言演唱，十分口语化，不事雕琢，通俗流畅，或粗犷豪放，或缠绵悱恻，但都情感真挚。涉海民间歌谣的内容主要有生活歌谣、劳动歌谣、仪礼歌谣、时政歌谣、爱情歌谣、童谣等。每一类都是沿海民众生活态度和状况的反映，折射着他们的道德情趣和价值取向。

地名资源和语汇资源也是海洋语言文化资源中特殊而又不可忽视的部分，在不同的区域，由于自然条件、经济、文化及发展历史的不同，使地名具有明显的区域差异，形成独特的地名文化资源。因此，地名往往能反映该地区自然、经济、政治、文化等历史状况。仅从浙江从南到北、从东到西大大小小的地名来看，已经足以使我们大叹身处于“海”字文化的包围之中了：“宁海”“宁波”“镇海”“舟山”“海盐”等。而汉语当中，“沧海桑田”“海纳百川”“乘风破浪”“海阔天空”等语汇更是不胜枚举，它说明了我们民族的古老祖先，早就与海洋发生了生活的和文化的历史关联。这些地名和语汇资源不仅是一个简单的名称或者文字符号，更是人类海洋文化资源当中不可或缺的一部分。

三、浙江海洋文化资源的基本特征

海洋文化资源作为文化资源的重要构成，除兼备作为文化资源的共性外，也有其自身的特点。

（一）浙江海洋文化资源的历史性

浙江地形东西和南北的直线距离均为 450 千米左右，陆域面积 10.55 万平方千米，为全国陆域面积的 1.06%，是中国面积最小的省份之一。但是，浙江海岸线总长约 6 700 千米，居中国首位。有沿海岛屿 3 000 余个，水深在 200 米以内的大陆架面积达 23

万平方千米。浙江海域面积 26 万平方千米。面积大于 500 平方米的海岛有 2 878 个，是中国岛屿最多的省份，其中面积 495.4 平方千米的舟山岛（舟山群岛主岛）为中国第四大岛。海岸线总长 6 486.24 千米，居中国首位，其中大陆海岸线 2 200 千米，居中国第五位，岸长水深。浙江海域辽阔，气候温和，水质肥沃，饵料丰富，适宜多种海洋生物的栖息生长与繁殖。生物种类繁多，素有“中国鱼仓”美誉。

与之相应的是，至迟至 7 000 年前的新石器时代晚期，浙江先民已经开始了海上航行，在漫长的历史长河中孕育了丰富、独特的海洋文化，浙江是吴越文化、江南文化的发源地，是中国古代文明的发祥地之一。早在 5 万年前的旧石器时代，就有原始人类“建德人”活动，境内有距今 7 000 年的河姆渡文化、距今 6 000 年的马家浜文化和距今 5 000 年的良渚文化。其留存至今的海洋文化资源是中华民族灿烂文明的重要组成部分。在如此浩瀚的时空背景下遗留下来的浙江的海洋资源精彩而厚重。

（二）浙江海洋文化资源的传承性

文化资源代代流传，但与物质文化资源不同，非物质文化资源必须通过实践才能传承。在长期的生活、劳动或创造的过程中，非物质文化资源经过一代代人们的积累和改进，以师徒或团体的形式传承下来，逐渐形成今天的技能或习俗。它是社区群体智慧的象征，是传统文化的结晶。因此说，非物质文化资源大多没有具体的创造者，即使有，也是后人对前辈已有技艺或习俗的加工和创新。

非物质文化资源通过语言和手势的模仿和重复练习，通过生活或仪式中的言传身授一代代的传承。传承人并不是在学校中学到这些技艺，更多的是，通过在家庭或社区中观察和模仿父辈而继承到这些知识和技能。他们不断吸收这些知识，将自己变为艺术的实践者，随后再传给下一代。

（三）浙江海洋文化资源的互动性

海洋文化是人类缘于海洋而创造的文化，而海洋对人类文明模式的建构和发展起着一种人海同构的作用，海洋文化资源便是人海互动的产物。如浙江沿海与海岛区域民居选址主要有两种情况：面积较大的岛屿区域，原始先民的住宅大都建在沿海港湾的海涂边或山岬海口边。如定海马岙唐家墩遗址为距今 5 000 年前的新石器时期遗迹，有用塾土和贝壳堆积而成的土墩，据考证为海岛先民居住村落群，宅址都建在海边。究其原因，一是为了远离高山以避开野兽的攻击；二是为了开门见海，出门入滩，便于退潮时下滩拾贝，或捕捉浅海鱼蟹。而在偏僻的悬水小岛，情况则恰恰相反。如嵊泗列岛的黄龙岛、花鸟岛，浙南洞头岛，海岛先民多将宅址选择在远离海湾和海口的海岛山坳处。这是因为岛小风大，在海湾边建宅，易受海潮台风的侵袭，且小岛海湾

中芦苇丛生，常有海兽和鲨鱼出没其间，十分危险。直到后来海平线下降，芦苇衰败消亡，人们才逐渐迁徙至海滩，形成现在的渔村民居格局。

海洋文化资源既是人类在利用、开发海洋的过程中积淀而成，又是人类能动地适应海洋影响的反映。海洋影响着大部分地区的气候条件和生存环境，由此影响到人类的劳作与消费对象、方式、规律，影响着人类的观念、信仰、思维方式，影响着民间社会的生活方式以及语言、艺术和科技发明。因此，人海互动性是海洋文化资源主要的也是本质的特征。

（四）浙江海洋文化资源地域差异性

由于政治、经济、文化、社会等因素的不同，海洋文化资源呈现复杂的地域差异。明代万历年间的人文地理学者王士性在描述浙东地区区域差别时，这样写道："两浙东西以江为界，而风俗因之。浙西俗繁华，人性纤巧，雅文物，喜饰鞶帨。多巨室大豪，若家僮千百者，鲜衣驽马，非市井小民之利。浙东俗敦朴，人性俭啬椎鲁，尚古淳风，重节概，鲜富商大贾。而其俗又自分为三：宁、绍盛科名逢掖，其戚里善借为外营，又佣书舞文，竞贾贩锥刀之利，人大半食于外；金、衢武健负气善讼，六郡材官所自出；台、温、处山海之民，猎山渔海，耕农自食，贾不出门，以视浙西迥乎上国矣……杭、嘉、湖平原水乡，是为泽国之民；金、衢、严、处丘陵险阻，是为山谷之民；宁、绍、台、温连山大海，是为海滨之民。三民各自为俗，泽国之民，舟楫为居，百货所聚，闾阎易于富贵，俗尚奢侈，缙绅气势大而众庶小；山谷之民，石气所钟，猛烈鸷愎，轻犯刑法，喜习俭素，然豪民颇负气，聚党与而傲缙绅；海滨之民，餐风宿水，百死一生，以有海利为生不甚穷，以不通商贩不甚富，闾阎与缙绅相安，官民得贵贱之中，俗尚居奢俭之半。"[①]如农历二月二，鄞县"二日，俗谓之'百花娘子生日'，妇女停针刺"[②]。而《道光象山县志》记载的象山县的习俗则是："初二日为'百花朝日'。妇女煮饭，杂以菜食之，谓主聪明。"[③]同为宁波地区，相距也不甚远，两地过节的习俗却大不相同，足以说明浙江海洋文化资源的地域差异性。

（五）浙江海洋文化资源的经济性

海洋文化资源的开发能够繁荣浙江海洋经济，而开发海洋文化产业（从事涉海文化产品生产和提供涉海文化服务的行业）是其中至关重要的一环。它主要包括滨海旅游业、滨海休闲渔业、滨海休闲体育业、涉海庆典会展业、涉海历史文化、民俗文化

---

① [明]王士性著，周振鹤校．王士性地理书三种．上海古籍出版社，1993：323-324。

② 丁世良，赵放．中国地方志民俗资料汇编华东卷（中）．北京：书目文献出版社，1995：766。

③ 丁世良，赵放．中国地方志民俗资料汇编华东卷（中）．北京：书目文献出版社，1995：775。

业、涉海工艺品业、涉海对策研究与新闻业、涉海艺术业等。海洋文化产业的繁荣有利于浙江海洋文化资源的保护与建设，同时，可促进浙江海洋经济的可持续发展。

海洋文化资源与海洋自然资源不同。海洋自然资源，如石油、天然气等属于不可再生资源，一旦消耗殆尽，其原有的物质形态不复存在。而绝大部分海洋文化资源具有可再生性，在经济、生态和文化承载力允许的范围内，文化资源不但不会衰竭，而且会促进对海洋文化资源的保护和重新利用。海洋物质文化资源经过修复和翻新可以重新使用，虽然不一定能够完全发挥其原有功能，但是其作为资源的价值仍然存在。海洋非物质文化资源更具有可再生性，经过人们的世代相传，它们不仅能够在本社区中广泛流传，而且能够通过旅游开发、文学创作等形式为更多的群体所知晓，发挥出更大的资源价值。

第二节　浙江海洋文化资源保护与开发问题分析

我国海域广阔，不同海域因自然条件、文化条件、经济政治条件等不同又各有特点。在人与海洋长期的历史互动下，形成了具有地域特点的海洋文化资源。东海大陆架广阔而平缓，沿岸多港湾、岛屿，因受长江淡水影响，渔业发达，素有“天然鱼仓”之称。沿岸居民以海为伴，以海为田，形成了浙江独特的海洋人文传统，为形成浙江海洋文化资源奠定了基础。

虽然浙江海洋文化资源丰富，但直至今日尚未开展系统的资源普查、分类保护和合理开发，大量的海洋文化资源面临着损毁和消失的尴尬局面。目前浙江海洋文化资源的保护和开发现状存在的问题可归为以下几个方面。

一、现代化进程导致文化资源的弃用和破坏

我国自 20 世纪 80 年代展开大规模城市化运动，起初由沿海地区开始，在带来沿海城市飞速发展和经济快速繁荣的同时，也导致对沿海文化资源的破坏。无论宁波、台州或是温州，每年均有大量的海洋文化资源消失。我们只能通过传统的地名来推断沿海城市在各历史时期的海洋经济与防卫功能。

海洋文化资源是祖辈们留下的财富，然而文化资源也是极其脆弱的。浙江沿海是最先对外开放、城市和经济发展最快、现代化程度相对最高的地区，同时也是对海洋文化资源遗存造成最为直接、最为严重破坏的地带。现代化建设的破坏包括大规模“旧

城改造”（旧街区、旧民居、旧港口、旧建筑等）的“破旧立新”工程；有的城区空间不断拓展、不断将位于边缘的古港、古码头、古渔村划平而建设为新城区甚至城市中心；“围海造地”“围海造厂”现象愈演愈烈，海洋污染和海洋沉积导致的海滨海岸和水下文化资源的大面积覆盖与侵蚀等。

浙江省舟山市马岙镇是海边一座普通的小镇，然而仅仅这一座小镇，就蕴藏着洋坦墩遗址、凉帽篷墩遗址、古炮台等海洋物质文化资源。凉帽篷墩现存面积约 1 700 平方米，为省级文物保护单位。遗址中挖出了大约 500 多件完整的文物，包括了贝壳、兽骨、石器、陶器、骨器、瓷器、青铜器、铜器、银器等。

洋坦墩遗址位于定海区马岙镇洋坦里，是一个较为完整的新石器时代原始制陶区，面积约 1 000 平方米，在此出土的夹砂红陶碎片上多数留有稻谷痕迹，专家据此认为舟山群岛在 5 000 年前就开始大量栽种水稻。在此舟山先民曾经居住的地方，留下了许多关于海洋文化的宝贵文物，但是目前却荒草丛生，鲜有人至，只有两块刻有遗址名称的石头模样清晰。

马岙镇现存古烽火台两处，一处位于炮台岗上，呈南北走向，共 3 座。另一处位于三江口的昭君山上，呈东西走向，共 6 座。烽火台大小、高低、形状不一，土石堆筑。最大的一座直径达 8 米，高 4 米，巨石砌基。据《定海县志》记载：明洪武年间，倭患致乱，各地设置 28 个烽火堠，用以传递信号。所以烽火台是马岙人民抗击倭寇的历史见证。但现今两处烽火台均处于自生自灭的境地。

近年来，浙江沿海区域的工业化发展迅猛，即工程化、工厂化、“高科技”产业化，在经济繁荣的同时，人们不得不围海造地、修扩公路、开发海岸，在近海、岛屿之间修坝造桥，沿海、海滨海岸片区及岛屿地块上的海洋文化资源有许多来不及普查摸底、考古挖掘和修缮保护，就被破坏甚至铲除。

二、海洋旅游的“产业化”和海洋文化资源的“单一开发”

海洋旅游产业在发展过程中，单向度的“产业化”对海洋文化资源造成了破坏。海洋旅游业主要包括海滨、海岸、近海景观景点旅游（远洋旅游目前尚不广泛），而这些海洋旅游观光景区景点，往往就是海洋文化资源本身。旅游业多从经济上着眼，对具有历史积淀的“文化产品”进行“包装”，有些“包装”甚至是失真的和破坏性的。

“单一开发”是单个景点或单个景区的开发，而缺少与之类似或相关景点（景区）的联合开发。如烽火台和炮台往往都是连成一线或布置为阵，对其中某点单独保护既没有效果，又不能体现其在历史上的作用和意义。目前各级保护单位和开发商对海洋文化资源的开发一般采取各自为营的策略，这无论从文化资源本身来看或是从参观者角度而论，都是一件憾事。同时“单一开发”难免诱发“重复建设”，单一景点投入大量经费修建，开发后其功能类似，每个单体不能构成对游客的吸引力，导致游客数量的分散。我们从海宁市古镇盐官的旅游发展案例可见一斑。

古镇盐官隶属于浙江省海宁市，是浙江省首批历史文化名镇，举世闻名的天下奇观海宁潮是古镇得天独厚的自然景观，除此之外，盐官还拥有古海塘和海神庙等海洋物质文化资源和祭奠“潮神”等海洋非物质文化资源。

目前盐官的旅游资源开发只注重于钱江潮的开发，资源开发的单一性限制了盐官旅游的发展。其原因除主观上宣传不够、资源认识存在偏差外，主要是客观上钱江潮每月大约只有 10 天左右能看到大潮，且每次看潮时间只需半小时左右。因此，如何吸引游客在观潮后，对古镇内众多人文旅游资源进行游览，从而促进旅游消费，是进行综合开发的首要问题。除此之外，古镇景点开发缺乏统筹安排——古镇内景点众多，如海神庙、占鳌塔、陈阁老宅、王国维故居等，但由于景点的开发缺乏统筹安排，各景点之间缺乏关联，旅游线路不明确，游客的旅游行程和活动没有可选择性，游客在浏览过程中主题不明确，大大降低了景区的吸引力。

三、重海洋物质文化资源而轻海洋非物质文化资源

浙江海洋非物质文化资源的保护和开发，较之海洋物质文化资源的保护和开发其难度更大。因为海洋物质文化资源是实实在在的具象的“物”，其保护状况更容易察觉，恢复修葺也相对容易。而海洋非物质文化资源是“无形”资源，建筑技艺、说唱艺术、宗教信仰、仪式习俗等都是经过长期历史积淀形成的，传承靠人与人之间的口耳相传，一旦消失很难在短期内恢复。因此对海洋非物质文化资源的保护和开发必须是以“活态”的形式进行，特别需要保护其传承的载体——传承人和其繁衍生息的环境——传承空间。

以妈祖信仰为例，浙江省妈祖信仰较早通过渔民、海运商团为主体的经营团体以及福建移民传播到浙江，尤其是浙东沿海地区。妈祖信俗是以各种口头传说、表演艺术、祭祀仪式、节庆活动为表现形式，以妈祖宫庙为主要文化场所的非物质文化资源。妈祖信仰等海洋非物质文化资源往往与海洋物质文化资源密不可分，因为文化最终的表现形式总能够通过物质来表达，如妈祖宫庙即是妈祖信仰的文化传承空间，因此对其保护应该遵循整体保护的原则。

四、海洋文化资源保护相关法律法规尚不完善

由于目前针对海洋文化资源保护的相关法律法规尚不完善，现有的相关法律执行不够严格，导致违法获取海洋文化资源的现象频发。首先，浙江沿海地区某些企业为抢赶工程进度或抢占土地和海域，不经文物部门勘探批准就施工挖掘，甚至瞒天过海，故意掩埋、破坏海洋文物资源。其次，一些地方政府、旅游企业等为吸引游客而肆意改造、翻新和重建海洋文化资源景观，造成了对资源本身乃至其生态环境的严重破坏。再次，一些渔民非法进行水下文物打捞，对海底船货文物非法侵占、买卖，并对水下船体本身造成破坏，还有甚者与内陆及海外相互勾结进行海洋文物走私，造成文化资源的大量流失等。由于政府组织的或经文物部门批准的正规考古打捞行动一直较少，对岸上尤其是水下文化资源的现存状况并不全盘掌握，这种非法盗窃打捞的民间行为如得不到彻底治理，则海洋文化资源尤其是水下文化资源受到的威胁将无法估量。

第三节　浙江海洋文化资源保护及开发对策

综上所述，浙江海洋文化资源保护与开发过程中出现的问题，其根本原因在于没有对现有的资源进行系统普查、分类保护，同时缺少必要的监管体制和法律依据，因此课题组针对浙江海洋文化资源保护及开发提出以下对策。

一、系统而全面地开展浙江海洋文化资源的普查工作

开展海洋文化资源普查工作，是反映我国海洋文化发展现状、制定海洋文化产业战略、实现海洋经济可持续发展的基础性工作，也是具体实施国家提出的建设海洋文化强国决策的一项前期性工作。

开展海洋文化资源普查，在全面掌握海洋文化资源的基础上，系统分析沿海地区海洋文化资源状况，客观评估中国海洋文化资源的保护、利用、开发形势，为进一步发展中国海洋文化产业，繁荣海洋文化事业，为国家制定科学合理的海洋文化发展战略与相关政策提供可靠的依据。所普查的内容包括海洋物质文化资源与非物质文化资源。海洋物质文化资源包括沿海历史遗址、文化遗存、历史文化名城等；海洋非物质文化资源主要包括经历史沉淀而形成的海洋艺术、海洋工艺、海洋宗教及海洋文学等。

按照国际组织、机构和我国对资源保护的相关要求和指标进行调查、评估、分析、整合和规划，整理出分类恰当的海洋文化资源名录，根据名录进行分类保护和合理开发。

二、制定相关法律法规

海洋文化资源是我国文化资源的重要组成部分，但国家重视对海洋文化资源的管理和保护，目前还处于作为“水下文化资源”的意义层面，与海滨海岸和岛屿上的“海洋文化资源”尚处于理念上和管理上的分割状态，且侧重于考古发掘技术手段和文物保护技术要求上的差异的结果。从世界范围来看，英美作为海洋大国，其沿海具有大量的水下文化资源，因此在政策和法律上都制定了如《海洋法》《沉船保护法》等较为完善的制度保障；澳大利亚的大堡礁等海域加入世界自然资源名录中，实现了保护与开发的并轨；邻国日本和韩国在海权意识下亦积极开展本国的海洋文化资源保护工作。比较来看，我国因海权观念的薄弱，对海洋的开发、对海洋文化资源的重视和研究都是相对滞后的。因此，当务之急是要健全和完善我国相关的海洋文化资源保护法，明确规定如何界定海洋文化资源、具体保护措施和可持续开发的限度，同时惩戒违法行为，设立监管机制。

三、完善海洋文化资源保护与传承网络

文化资源是传统文化的重要载体，具有很高的文化价值、科学价值和艺术价值。完善海洋文化资源保护与传承网络，首先要发挥政府的主导作用。各级政府应建立稳定的海洋文化资源专项基金，其管理需要有专人负责，保证每年海洋文化资源保护工作的资金投入，并将开发海洋文化资源所得收益的一部分重新回流，形成保护与开发的良性循环。其次，加强海洋文化资源宣传，提高其社会认知度。宣传途径一方面可以选择电视媒体和互联网，如在浙江省各级文化部门的网站上开设海洋文化资源专题，建立海洋文化资源数据库，并配以图片和视频展示，以生动、直观的方式使人们了解海洋文化资源的现状和最新动态，还可以制作有关海洋文化资源的电视节目、纪录片、微电影等，在电视台和网络上播放；另一方面可以通过传统的报刊杂志、书籍等平面媒体宣传海洋文化资源。再次，加强海洋文化资源教育。教育途径可参考美国国家公园资源教育模式，建立系统完善的海洋文化资源教育体系。教育首先从幼儿教育、中小学教育开始，在幼儿园、学校普及海洋文化资源知识，提高公众对其认知度；高等教育中应加强教师的重要性，培养海洋文化资源专门人才；对公众进行广泛的社

会教育，通过定期举办的活动，知识竞赛，社区力量等进行宣传教育，使公众自觉保护和传承相关海洋文化资源。

四、整合海洋文化资源，打造海洋文化资源旅游品牌

鉴于海洋文化资源的保护和开发还比较薄弱，海洋文化资源具有相当大的开发空间，对于海洋文化资源的保护也刻不容缓。同时，在海洋经济快速发展的背景下，海洋文化资源具有可预期的经济前景。对海洋文化资源的研究，不仅能够提升文化软实力、保护现存的资源，同时开发海洋文化资源的多种形式能够拉动当地的旅游、投资和经济增长。

浙江省拥有丰富的海洋文化资源，要坚持物质与非物质文化资源相结合，加强浙江沿海城市旅游区域协作，针对不同游客的消费层次，将知识性、趣味性、娱乐性、参与性相结合，打造以海洋文化为核心的资源旅游品牌，积极发展国际海洋观光旅游，使之成为国际知名的蓝色文化旅游目的地。浙江省可以借鉴国内外的成功案例和相关经验，发挥海洋文化资源优势，加大海洋文化资源的宣传力度，大力发展跨国旅游，打造文化、休闲、健身、度假与旅游相结合的国际性海洋观光旅游线路，吸引大量的海内外游客。

五、组建中国海洋文化资源研究基地，加强海洋文化资源保护与开发的理论研究

为了提升中国海洋文化资源保护与旅游开发的理论水平，拓展海洋文化资源保护与旅游开发的实践领域，进一步推进中国海洋文化资源保护与旅游开发的历史进程，提高海洋文化资源的经济转化率，笔者认为，当前组建由政府、高校、研究机构、企业等联合而成的“中国海洋文化资源研究基地”是非常必要的。海洋文化资源研究基地的建立应依据中国海洋经济发展进程总体规划，特别是中国海洋文化产业发展总体规划，整合当前中国高等院校、科研机构和文化企业的人才、技术和资源优势，深度挖掘潜在的海洋文化资源，进一步整合已经开发的海洋文化资源，从而为中国海洋经济的发展提供文化支撑。

具体而言，首先需要整合中国现有海洋文化资源，挖掘潜在海洋文化资源，努力实现海洋文化资源与旅游开发的结合。其次为企业提供涉海文化产业项目规划与开发思路，同时为政府发展和扶持海洋文化产业提供信息咨询和决策参考。最后，举办海

洋文化资源保护与开发论坛，定期出版学术期刊，为中国海洋文化资源的保护与开发提供智力支持。

保护与开发海洋文化资源与建设 21 世纪海上丝绸之路密不可分。浙江省在历史上即为丝绸的主要产地，是海上丝绸之路的源头。浙江省在中国海洋事业中的作用更是举足轻重，从晋代的“临海古长城修筑”、明代“双屿港”的繁华和清代的“定海保卫战”等历史事件中均可见一斑。浙江省在“海上丝绸之路”与其他海洋历史事件中留存了丰富的海洋文化资源，这些文化资源既包括历史遗迹等“物质资源”，又包括不可见的“精神资源”，如浙江人吃苦耐劳的意志力和“甬商”“温商”开放的海洋精神。它们可以作为历史的见证物和有力证据，在 21 世纪“海上丝绸之路”建设中同样具有不可取代的作用。大力保护浙江省的海洋文化资源能够提升浙江省的文化软实力，同时开发文化资源的多种功能，将文化资源与文化产业相结合，可以提高浙江省的经济收入，实现文化与经济的有机结合。

第二章　浙江海洋文化产业发展现状与对策

海洋文化产业作为一个新的产业形态，在全球范围内正逐渐兴起，沿海各国都在纷纷开发和利用海洋资源，大力发展海洋经济，在这场“蓝色浪潮”的竞争下，越来越多的国家意识到海洋经济的竞争归根结底是海洋文化和海洋资源转化力的竞争。只有将丰富的海洋资源产业化，才能有海洋经济快速发展的新引擎。

党的十八大报告提出：“提高海洋资源开发能力，发展海洋经济，保护海洋生态环境，坚决维护国家海洋权益，建设海洋强国”。“建设海洋强国”的概念进入十八大报告，在当前国内外复杂的形势之中，具有重要的现实意义、战略意义，是中华民族永续发展、走向世界强国的必由之路。

浙江是海洋大省，拥有丰富的海洋资源、优越的区域位置和众多优势突出的产业，这些都为浙江海洋文化产业的发展提供了良好的基础和产业环境[①]。因此，发展海洋文化产业是带动浙江经济发展，提升浙江文化形象和魅力的重要途径。

第一节　海洋文化产业发展的背景与意义

一、海洋文化与海洋文化产业

21世纪海洋问题是一个炙手可热的研究领域，海洋文化研究在全球化和生存关怀的语境中具有特殊意义和价值。[②]在海洋开发领域，海洋文化产业是极具发展潜力和发展前景的朝阳产业，应该引起政府部门和业界的高度关注。

海洋文化是在人类长期与海洋互动的过程中，逐渐发展出来的各种精神的、物质的、行为的和社会的生活内涵。作为人类文化的一个重要构成部分，海洋文化“就是

① 詹成大．浙江海洋文化产业发展的战略重点及其路径选择．浙江传媒学院学报，2015（3）:57-63.

② 孔苏颜．福建海洋文化产业发展的SWOT分析及对策．厦门特区党校学报，2012（2）:76-80.

人类认识、把握、开发、利用海洋，调整人与海洋的关系，在开发利用海洋的社会实践过程中形成的精神成果和物质成果的总和。”[①]海洋文化内涵主要包括海洋历史文化、海洋民间文化、海洋军事文化、海洋景观文化、海洋节庆文化、海洋宗教信仰文化和海洋旅游文化等。

海洋文化产业属于文化产业中的一个特殊领域。结合海洋文化及文化产业的内涵，我们将海洋文化产业界定为：为满足社会公众的精神、物质需求，以海洋文化资源为原料，从事涉海文化产品生产和提供涉海文化服务的产业，具体包括滨海旅游业、涉海休闲渔业、涉海休闲体育业、涉海会展业、涉海历史文化和民俗文化业、涉海工艺品业、涉海新闻出版业、涉海艺术业、涉海影视业等。

二、海洋文化产业发展的背景

海洋经济是“海洋世纪”经济发展的主题。海洋文化产业作为海洋经济的重要组成部分已经显现出巨大的发展潜力，并成为拉动沿海地区经济增长的重要产业。

由于海洋文化产业是知识含量很高的文化产品和服务形式，它资源投入少，科技含量高，环境污染少，强调文化、经济、生态可持续发展，成为了许多海洋大国所瞩目的朝阳产业。[②]就海洋休闲体育产业来说，“美国仅从事游钓业的游船就有 200 万艘，每年可以为美国创造 500 亿美元的社会产值。”[③]以海洋旅游产业为例，据世界旅游组织公布，从 1992 年旅游业开始超过石油业而成为世界第一大产业，而海洋旅游则是世界旅游业中发展最为迅速的一类旅游业。在旅游外汇收入排名前 25 名的国家和地区中，沿海国家（地区）就有 23 个，占国际旅游总收入的 96%，其中海洋旅游总收入约占 60%以上。在西班牙、希腊以及澳大利亚、新加坡等国，海洋旅游产业已经成为国民经济的支柱产业。

中国是海洋大国，海岸线 1.8 万千米，“主张管辖海域”达 300 多万平方千米。在数千年的历史发展进程中，中华民族不仅创造了灿烂的大陆文化，也创造了辉煌的海洋文化。云谲波诡的大海汪洋，变幻莫测的海上风云，光怪陆离的海底世界，无不吸引着人们不断去探索、探寻、探险。从河姆渡人最原始态的海洋捕捞，到唐宋时期声名远扬的“海上丝绸之路”；从郑和下西洋时的庞大船队，到世界第一跨海大桥——杭州湾大桥的全线贯通，都充分展示了中华民族认识、开发、利用海洋的智慧与能力。

① 曲金良. 发展海洋事业与加强海洋文化研究. 青岛海洋大学学报（社科版），1997（2）：1-3.

② 王颖. 山东海洋文化产业研究. 山东大学博士毕业论文，2007：1。

③ 徐质斌、牛福增. 海洋经济学教程. 北京：经济科学出版社，2003：6。

但由于“重陆轻海”“陆主海从”的传统观念长期存在，人们的海洋意识十分淡漠，海上强国的概念也一直未受到重视，直到 30 多年前中国才彻底向世界敞开大门。进入“海洋世纪”，中国对海洋的开发利用进入了一个崭新的阶段。党中央、国务院高度重视海洋经济的发展。2003 年国务院《全国海洋经济发展规划纲要》第一次明确提出了“逐步把我国建设成为海洋强国”的目标。2006 年中央经济工作会议上胡锦涛总书记提出“要增强海洋意识，做好海洋规划，完善体制机制，加强各项基础工作，从政策和资金上扶持海洋经济发展”。党的十七大更作出“发展海洋产业”的战略部署。中共十八大报告首次提出建设海洋强国的国家战略目标，“提高海洋资源开发能力，发展海洋经济，保护海洋生态环境，坚决维护国家海洋权益，建设海洋强国”。在此背景下，沿海省市纷纷提出海洋经济发展规划，掀起了海洋经济建设的热潮。广西建立北部湾经济区，海南建设“国际旅游岛”，福建打造海西经济区，江苏实施沿海地区发展，天津推进滨海新区开发，辽宁加快沿海经济带发展、浙江规划海洋经济示范区建设，这些都已纳入国家沿海区域发展战略（表 2-1）。

表 2-1　中国沿海省区市海洋发展主题

编　号	陆海地域	海洋发展主题
1	河北沿海地区	弄潮渤海，希望河北
2	福建沿海地区	潮涌海西，蓝色福建
3	广西沿海地区	广西北部湾——中国沿海经济发展新一极
4	上海沿海地区	海·城市
5	广东沿海地区	魅力海洋，蓝色广东
6	江苏沿海地区	蓝色家园 美好江苏
7	海南沿海地区	海南国际旅游岛，圆您蓝色幸福之梦
8	浙江沿海地区（宁波）	善待海洋，善待人类
9	天津沿海地区	和谐开放、洋气大气的天津
10	辽宁沿海地区	辽海之韵
11	山东沿海地区	岱青海蓝，好客山东

资料来源：李涛. 走向海洋时代的中国经济与文化研究——兼论中国海洋版图中的舟山海洋文化产业. 中国传媒报告，海洋文化产业研究 2012 特辑：9-24。

三、浙江海洋文化产业发展的意义

浙江是“资源小省”和“经济大省”，在极有限的资源条件下，2014 年取得的生产总值为 40 154 亿元，人均生产总值为 72 967 元，城镇居民与农村居民人均可支配收入 40 393 元、19 373 元。但随着工业化和城市化的不断推进，浙江社会经济发展与资源、环境的矛盾日益突出，发展空间受到严重约束。海洋资源是浙江最大的资源优势之一，是实现浙江经济社会可持续发展的重要资源依托，也是浙江未来发展的重要战略空间所在。26 万公顷得天独厚的“渔、港、景、油、涂”资源组合优势与经济区位优势为浙江省海洋经济的发展提供了重要的资源依托和战略空间，海洋经济正成为浙江省新的经济增长点。

浙江也是海洋文化大省。早在 7 000—8 000 年前的新石器时代晚期，浙江沿海先民已经能够制造和利用舟楫开始了海上航行，并把自己的文化传播到其所及之处。自此之后，浙江沿海居民更是在这块辽阔的海域上挥洒着自己的智慧与汗水，创造了一个又一个惊世骇俗的历史文化奇迹。从河姆渡人最原始态的海洋捕捞与长距离的航海活动，到声名远扬的“海上丝绸之路”，再到世界第一跨海大桥——杭州湾大桥的全线贯通，都充分展示了浙江人民认识、开发、利用海洋的智慧与能力。浙江海洋文化领域涉及海洋渔业文化、海洋盐业文化、海洋交通文化、海洋民俗文化、海洋神话传说、海洋民间信仰、海洋军事文化、海洋饮食文化、海上移民文化、海洋名人文化、海洋文学艺术、海洋旅游文化等方面，它们源远流长，内涵丰富，底蕴深厚，气度恢宏，境界高远，风格豪放，有别于其他地域文化而成为一道独特的文化景观，具有鲜明的地域特色和资源竞争力（表 2-2）。

表 2-2　浙江省海洋文化资源调查汇总

物质资源			非物质资源		
序　号	项目名称	数量（个）	序　号	项目名称	数量（个）
1	公园娱乐设施	478	1	民风民俗	699
2	自然景观区	250	2	民间传统艺术	877
3	文化场馆	237	3	现代海洋艺术	392
4	文物遗存	1657	4	沿海宗教及民间信仰	139
5	宗教及民间信仰活动场所	1570	5	民间技能	547
6	历史文化名地	353	6	民间文学	1492
说明：本汇总简表数据是根据各市区县海洋与渔业局统计材料汇总而得。			7	现代节庆会展	157
			8	沿海历史及文化名人	1549
			9	沿海著名历史事件	1507

资料来源：浙江省沿海地区海洋文化资源调查报告(2009 年)。

法国经济学家佩鲁曾指出：文化价值对社会发展具有决定性意义，任何发展目标与发展环境都与文化环境息息相关。文化产业在经济转型升级中更是起着不可替代的

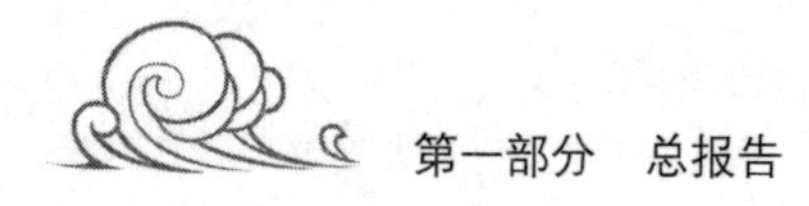

作用：它能够助推转型升级，促进经济发展由传统产业向现代产业转化，由低端价值向高端价值提升，由挤占市场需求向创造市场需求转化，由资源消耗型向知识密集型转化，由依托现有优势向创造新的优势转化。

海洋世纪最重要的一个问题是观念和意识问题，归根结底，就是一个海洋文化问题。[①]海洋文化的先进性将影响一个国家和地区海洋战略决策的方向，继而影响国民经济等综合力量的提升。海洋文化和海洋经济相辅相成、相互促进。海洋经济是海洋文化的物质基础，海洋文化是海洋经济发展的精神动力。21世纪"蓝色经济"作为一种新的经济形态，将成为国民经济重要的增长点。海洋文化产业是蓝色经济中重要的新兴海洋优势产业，并成为拉动沿海地区经济增长的重要产业。以海洋人文资源和自然资源为内涵基础，结合现代科技与信息技术的海洋文化创意产业，是海洋文化产业中的高端产业，具高附加值和生态环保的特点，拥有巨大的发展潜力。

面对新世纪海洋经济蓬勃发展的历史性契机和浙江海洋经济发展上升为国家战略的机遇，深入挖掘并充分利用浙江丰厚的海洋文化资源，积极发展以涉海影视业、动漫游戏业、出版发行业、滨海演艺业、滨海文化旅游、休闲渔业、海洋节庆、海洋民俗、海洋主题公园、滨海娱乐业、海洋工艺品业等为主体的海洋文化产业，具有重大战略意义。

1. 有益于更好地保护海洋环境

由于目前海洋开发过分依赖资源和资本投入的驱动，使海洋经济发展存在着对物化资源的巨大消耗和对环境的极大破坏，特别是一些高消耗重污染的项目对沿海地区和周边海洋造成极大的危害，严重地妨碍了有关海洋产业发展。因此在发展海洋经济中如何保护好海洋环境，使其可持续发挥作用，无疑是个充满矛盾又亟需克服和破解的难题。而大力发展海洋文化产业则不失为既发展海洋经济又保护好海洋环境的一条有效途径，因为海洋文化产业利用的是可循环再利用的海洋文化资源，它对海洋环境不会造成过度破坏和危害。

2. 有利于提高海洋软实力

不论国与国之间的海洋竞争，还是我们地区与地区之间的海洋竞争，其最终落脚点都是在文化之间的竞争。在海洋竞争中，只有充分挖掘、开发和利用好自己所拥有的海洋文化资源，形成一股海洋文化冲击力，才能在海洋竞争中拥有更多更强的话语权，产生更大的文化和经济效应。而这一切的实现离不开对海洋文化产业的大力发展。

---

① 刘桂春. 我国海洋文化的地理特征及其意义探讨. 海洋开发与管理，2005（3）：9-13。

因为只有通过海洋文化产品的生产，海洋文化资源才能实现其价值向现实转化，才能产生其价值效应，特别是其所形成的思想观念。

3. 有利于扩大文化消费，促进经济增长

随着当今国民生活水平日益提高、文化需求不断增多，文化消费已成为国民消费的重要组成部分。而发展文化产业则是扩大文化消费、促进经济增长的重要途径，也是我们加快转变经济发展方式的重要内容。作为文化产业的有机构成，海洋文化产业拥有其丰富的产业内容，诸如海洋民俗文化、海洋民间信仰文化、海洋景观文化、海洋商贸文化、海洋港口文化等，这些产业文化内容的存在将使得发展海洋文化产业能够为扩大文化消费、促进经济增长作出自己应有的贡献。

第二节　浙江海洋文化产业发展环境分析

SWOT 分析法（也称 TOWS 分析法、道斯矩阵）即态势分析法，是 20 世纪 80 年代初由美国旧金山大学的管理学教授韦里克提出，经常被用于企业战略制定、竞争对手分析等场合，后来则扩展应用到社会经济管理的各个层面。SWOT 分析法重点是对企业（产业）发展进行内外部环境分析，包括优势（Strengths）、劣势（Weaknesses）、机会（Opportunities）和威胁（Threats）。

一、浙江海洋文化产业发展的优势（Strengths）分析

从整体上看，浙江沿海地区除了具有丰厚的海洋文化资源之外，还具备多方面的海洋文化产业发展的比较优势。

（一）国民经济的快速发展为海洋文化产业发展提供了支持

随着改革开放进程的加快和社会主义市场经济体制的逐步建立，浙江经济迅速崛起并得到快速发展。根据国际经济测算，当人均国内生产总值超过了 3 000 美元时，经济将进入一个新的发展阶段，社会消费结构将向着发展型、享受型升级，人们将对物质以外的精神需求提出更高的要求。据统计数据显示，2014 年，浙江城镇常住居民和农村常住居民人均可支配收入分别为 40 393 元和 19 373 元，增长 8.9%和 10.7%。受收入持续增长带动，城乡居民生活水平不断改善，恩格尔系数持续下跌。2013 年，浙江城镇和农村恩格尔系数分别为 34.4%和 35.6%，和 2012 年相比，分别减少 1.9 和

6.0 个百分点。

文化产业的发展、收入的增加和对精神层面享受追求的提高，带动了城乡居民文化娱乐消费支出的快速增长，文化娱乐消费在城乡居民服务消费中的占比不断提高。2013 年城镇居民人均文化娱乐服务支出 1 095 元，比 2001 年增长 6.1 倍，年均增长 18.0%，年均增速居城镇居民服务消费各项目之首；文化娱乐服务支出占城镇居民服务消费支出的 10.6%，比 2001 年提高 6.1 个百分点。浙江农村居民人均旅游休闲娱乐消费支出 196 元，比 2001 年增长 9.3 倍，年均增长 21.3%，年均增速居农村居民各服务消费项目首位；农村居民旅游休闲娱乐消费支出占浙江农村居民服务消费支出的 5.6%，比 2001 年提高 3.8 个百分点（图 2-1）。遍布全省的文化休闲游览、实景演出、主题公园等新的文化消费方式也得到长足发展。这表明浙江省居民文化消费在不断增加的同时还有潜力可挖。

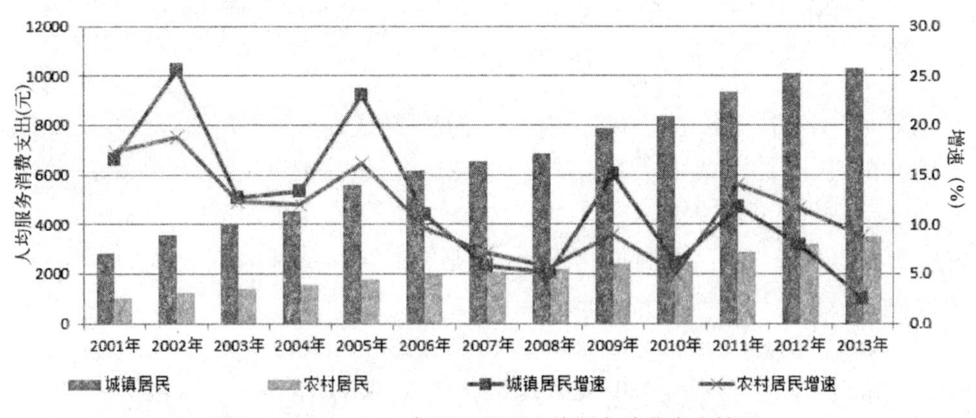

图 2-1　2001—2013 年浙江居民人均服务消费支出情况

（二）海洋经济规模不断扩大，三次产业结构渐趋合理

2014 年浙江省沿海地区经济社会在加快转型升级中实现平稳增长，各项事业稳步推进。全省地区生产总值 40 173.03 亿元，现价比上年增长 6.4%。沿海 7 个市地区生产总值 33 140.61 亿元，占全省地区生产总值的 82.5%，比重比上年上升 0.8 个百分点。其中有海岸线的区县地区生产总值 27 858.16 亿元，占全省地区生产总值的 69.3%，比重比上年提高 2.2 个百分点。

2014 年浙江省海洋及相关产业总产出为 19 655.05 亿元，比上年增长 10.1%（按现价计算，下同），其中，第一产业 709.39 亿元，第二产业 11 219.49 亿元，第三产业 7 726.17 亿元，分别比上年增长 4.2%、7.0%、15.7%。2014 年浙江省海洋生产总值为 5 758.2 亿元，比上年增长 6.5%，其中第一产业 427.55 亿元，第二产业 2 262.60 亿元，第三产业 3 068.05 亿元，分别比上年增长 4.1%、6.9%、6.5%，海洋经济占浙江省地区生产总值的比重为 14.33%，比重基本保持不变。海洋经济增加值率为 29.3%，海洋经济三大结构比例为 7.4：39.3：53.3。

2014 年，全省海洋第三产业总产出 7 726.17 亿元，同比增长 15.7%；增加值 3 068.05 亿元，同比增长 6.5%。以滨海旅游业、港口运输业、海洋批零贸易餐饮业、海洋服务业等为主导的海洋第三产业占据我省海洋经济的半壁江山，占全部海洋经济增加值的 53.3%。2014 年，全省海洋批发零售业增加值 295.48 亿元，同比增长 4.3%，海洋服务业增加值 1 523.49 亿元，同比增长 5.2%。滨海旅游业继续保持快速增长，2014 年全省滨海旅游业增加值 887.77 亿元，同比增长 9.3%，接待国内游客人数 31 838.66 万人次，同比增长 19.4%。

（三）系列相关政策的出台为海洋文化产业发展提供了保障

文化产业在中国是一个幼稚产业，海洋观念还没有深入人心，发展海洋文化产业需要政府的积极引导和政策的强力扶持，在全社会形成合力。从 20 世纪 90 年代开始，浙江省委、省政府就提出建设“文化大省”“海上浙江”“海洋经济强省”“海洋经济示范区”的战略决策，并出台了系列促进文化产业与海洋经济发展的政策，为海洋文化产业发展提供了良好的政策保障（表 2-3）。

表 2-3　21 世纪以来浙江文化产业与海洋政策一览表（部分）

时　间	海洋政策	时　间	文化产业政策
2001 年	《浙江省海洋功能区划》	2000 年	《浙江省文化大省建设纲要》
2003 年	《关于建设海洋经济强省的若干意见》	2001 年	《关于建设文化大省的若干文化经济政策》
2005 年	《浙江省海洋进军强省建设规划纲要》《浙江省渔业管理条例》	2002 年	《关于深化文化体制改革，加快文化产业发展的若干意见》
2006 年	《浙江省海域使用管理办法》	2005 年	《关于全面推进文化体制改革综合试点工作的若干意见》《关于加快建设文化大省的决定》《浙江省文化建设“四个一批”规划》
2010 年	《浙江海洋经济发展试点工作方案》	2006 年	《浙江省文化产业项目投资指南》
2011 年	《浙江海洋经济发展示范区规划》、《国务院关于同意设立浙江舟山群岛新区的批复》	2008 年	《浙江省推动文化大发展大繁荣纲要(2008—2012)》
2012 年	国务院批复设立舟山港综合保税区	2010 年	《浙江省文化创意产业发展规划》
2013 年	《浙江舟山群岛新区发展规划》、《浙江海洋经济发展“822”行动计划（2013—2017）》	2011 年	《浙江省文化产业发展规划（2010—2015）》

续表

时　间	海洋政策	时　间	文化产业政策
2015年	《推动共建丝绸之路经济带和21世纪海上丝绸之路的愿景与行动》	2014年	《浙江省人民政府关于加快培育旅游业成为万亿产业的实施意见》
		2015年	《浙江省人民政府办公厅关于进一步推动我省文化产业加快发展的实施意见》

资料来源：根据相关资料整理而成。

（四）区位优越，交通优势明显

浙江处于我国“T”字形经济带和长三角世界级城市群的核心区，是长三角地区与海峡两岸的联结纽带。随着长江三角洲一体化进程的加快和上海国际经济、金融、贸易、航运中心地位的逐步确立，浙江临近上海的区位优势将进一步显现。

近年来，浙江省围绕海洋经济发展逐步完善了“接陆连海、贯通海岸、延伸内陆”的大交通网架。“接陆连海”，即温州半岛工程、杭州湾跨海大桥工程和舟山跨海大桥工程“三大对接工程”建设，构成连接大陆和海洋的重要纽带；“贯通海岸”，即在已有沪杭甬高速公路、铁路和甬—台—温高速公路基础上，加快甬台温第二公路通道和甬—台—温—福沿海铁路干线建设；“延伸内陆”，即加快省内路网连接，增加省际公路、铁路通道，改善内河航道，拓展宁波—舟山枢纽港以及温州、台州、嘉兴沿海港口和沿海城市通往内陆腹地的物流走廊，提高综合集疏运能力。

浙江民用航空发展迅速。2014年，浙江民航航班运输起降架次为34.8万架次，同比增长10%。其中，杭州机场旅客吞吐量达2 552.6万人次，同比增长15.4%；宁波机场达635.9万，同比增长16.5%；温州机场达680.2万人次，同比增长3.1%；义乌、台州、舟山、衢州机场旅客吞吐量分别达到120.5万、66.5万、53.8万、22.1万人次。[①]

二、浙江海洋文化产业发展的劣势（Weaknesses）分析

（一）海洋经济质量效率不高

尽管浙江海洋经济发展取得了长足进步，但相对广东、山东、上海、福建，海洋生产总值占GDP比重偏低，与海洋资源大省不符。海洋产业整体上附加值率偏低，呈粗放增长态势，集约化利用率不高，致使可利用海域、岸线等资源急剧减少，可持续发展的压力增大。如深水岸线最为丰富的舟山市，已使用和规划使用的岸线占总量

① 浙江民航机场旅客吞吐量突破四千万．中国民航报，2015-01-12。

的73.5%。资源的消耗量与海洋经济的总量和增长质量之间不成比例（表2-4）。

表2-4　浙江海洋经济与其他沿海省市比较

名　称	海洋生产总值（亿元）	占GDP比重（%）
浙江	6 000	14.9
广东	13 500	20.1
上海	6 217	26.4
山东	10 400	17.5
福建	6 500	27.0
辽宁	4 219	14.7
天津	5 027	32.9
江苏	6 800	10.4
全国	59 900	9.4

数据来源：根据2014年各省相关统计数据计算而得。

（二）文化体制改革相对滞后

浙江文化体制改革虽然在某些环节取得了较大进展[①]，但整体推进难度较大，制约和阻碍了文化产业的发展。浙江国有文化企业随着文化体制改革的深入也逐步进入市场化运作，但内部体制改革还未完全到位，对市场的适应性还有待加强；民营文化企业发展较快，但民营文化企业散、小状况较为严重，文化竞争力偏弱；财政扶持、金融政策和资金支持不够，导致文化企业规模难以扩张。

（三）海洋文化产品结构单调，文化企业规模小

浙江海洋文化产业发展过程中，由于受短期利益的驱使，缺乏对海洋文化内涵、景观审美特征、地域文化背景进行综合考虑，导致文化产品结构比较单一，缺少集参与性、娱乐性、知识性于一体的多元化的"精品"。同时，浙江海洋文化企业普遍存在"小、弱、散、差"的状况，规模化、集团化、综合化经营程度低，规模经济不显著，企业组织结构不合理，产业内部竞争过度，外部竞争乏力，从而导致了浙江海洋文化企业的总体竞争力不强。据统计，2013年，舟山全市仅有1家大型文化企业，9家中型文化企业，其他均为小型微型企业；达到规上限上标准的文化单位少，产出能力不强；国家级、省级文化重点企业少，全市仅有两家文化企业列入省文化产业发展"122工程"。

① 林吕建. 2010浙江发展报告（文化卷）. 杭州：杭州出版社，2010：30-31。

（四）海洋文化产业意识淡漠，产业人才匮乏

虽然浙江省海洋文化资源丰富，产业价值极高，但由于“重陆轻海”“海陆分离”的思想在相当程度上存在，对发展海洋文化产业的重要性重视不够。比如在浙江省制定的《浙江省推动文化大发展大繁荣纲要(2008—2012)》《关于建设海洋经济强省的若干意见》等一系列战略决策中，很少有专门涉及海洋文化产业的内容，仅有的也只是滨海旅游业；专家、学者以及政府领导对海洋经济的理解很大程度上限于港口经济、海洋渔业资源、海水淡化处理、海洋药物开发、海岸工程、海洋化工等内容。

同时，浙江海洋文化产业经营人才匮乏，从业人员整体素质不高，尤其缺少能融合文化资本运营、文化艺术商务代理、网络及多媒体文化服务等多种知识的优秀人才和文化与经营复合型人才，在一定程度上阻碍了海洋文化产业向新兴领域发展。以浙江海洋经济核心示范区的舟山、宁波两市为例，海洋科教机构从业人员总量不足 4 000 人，仅接近中国海洋大学、厦门大学的海洋人才数量。而且其他同类城市在海洋学科领域拥有的院士、973 首席专家、长江学者等领军人物也远超过核心示范区，如作为同期建设的深圳大学，目前拥有中国科学院院士 2 名、中国工程院院士 2 名、“双聘”院士 10 名、973 项目首席科学家 3 名、中组部“千人计划”专家（含青年千人）10 名、长江学者 4 名，而宁波大学仅拥有“双聘”院士 5 名、国家千人计划 4 名、长江学者 1 名，舟山市目前尚无该层次海洋人才。尽管核心示范区在集聚海洋科技人才方面出台了较多优惠政策和引智工程，但是缺乏学科平台与团队支撑，引进人才到岗工作时间与传帮带效果不尽理想，尤其是对本地院所青年科研骨干的培养、激励与跟踪服务等的重视不够，导致部分有较好潜质的青年科研骨干流失现象严重。

（五）文化资源转化能力不足

浙江海洋文化资源极其丰厚，但只有将其开发成文化产品和服务并努力提高文化产品和服务的附加值，才能将其转化为产业资源和生产力。目前，在将文化资源转化为产业资源，将文化转化为现实生产力上还有待加强。比如，舟山市现有各类节庆会展活动 50 余项，“中国(舟山)国际沙雕节”“中国南海观音文化节”“中国海鲜美食文化节”“普陀山之春旅游节”“莲花洋休闲节”“国际船业博览会”“舟山渔民画艺术节”“沈家门国际民间民俗大会”“桃花岛金庸武侠文化节”“普陀佛茶文化节”“中国海洋文化节”“中国嵊泗贻贝文化节”等吸引了大量旅客和商家。但整个海洋节庆会展业的产业化程度并不高，经济效益不明显，舟山市共有 17 家会展服务企业，规模小，收入低，经营分散。2013 年，舟山市海洋会展服务业增加值仅 584 万元。再比如，舟山市海洋非物质文化遗产资源丰富，有舟山锣鼓、定海木偶戏、嵊泗渔歌等，但这些

民俗民间艺术仍处于自然存在的形态，表现手法和艺术创作仍停留在传统方式方法，难以打开市场，形成产业。

三、浙江海洋文化产业发展的机会（Opportunities）分析

（一）文化产业发展与浙江海洋经济发展相继上升为国家战略的机遇

2009 年国务院原则通过《文化产业振兴规划》，进一步明确新时期文化产业发展的基本原则、工作重点，为我国文化产业的发展提供了工作指针和政策导向。这是继钢铁、汽车、纺织等十大产业振兴规划后出台的又一个重要的产业振兴规划，标志着文化产业已经上升为国家的战略性产业。党的十七届六中全会，更是从时代要求与战略全局出发，以高度的文化自觉和文化自信，第一次提出了建设社会主义文化强国的奋斗目标："坚持中国特色社会主义文化发展道路，努力建设社会主义文化强国"。2011 年国务院批复《浙江海洋经济发展示范区规划》，浙江海洋经济发展示范区建设上升为国家战略。《浙江海洋经济发展示范区规划》明确了"一个中心、四个示范"的战略定位，即要建设成为我国重要的大宗商品国际物流中心、海洋海岛开发开放改革示范区、现代海洋产业发展示范区、海陆协调发展示范区、海洋生态文明和清洁能源示范区。规划明确指出："加强海洋文化研究、海洋科技和海洋主题博物馆建设，保护涉海文化古迹，传承海洋艺术，扶持发展海洋文化产业。"①

鉴于我国文化产业与浙江海洋经济发展已上升为国家发展战略的一个重要组成部分，成为中国特色社会主义建设的重大实践，作为海洋文化大省的浙江必须积极采取相应战略，深入挖掘与整合海洋文化资源，大力推进海洋文化产业发展。

（二）发展海洋经济已成为国内外推动经济和社会发展的重大战略

迈入 21 世纪，海洋经济面临新一轮发展机遇期。随着陆域非再生资源加速消耗，经济发展的陆地空间越来越小，海洋越来越成为拓展发展空间，寻求经济增长点的主战场。开发海洋资源和发展海洋经济已经成为当今世界推动经济和社会发展的重大战略。随着经济全球化和区域经济一体化进程加快，长三角区域将全面融入世界经济，充分发挥海洋大通道作用，积极利用国际国内两种资源、两个市场，是长三角、浙江省经济快速发展的客观需要，也是浙江省海洋文化产业持续快速发展的客观要求。为充分发挥海洋资源优势，浙江省不失时机地把发展海洋经济作为新一届政府经济社会发展的重点。随着浙江"文化大省""海上浙江""浙江海洋经济示范

① 浙江省人民政府、浙江省发改委. 浙江海洋经济发展示范区规划. 2011 年 2 月。

区”以及“21 世纪海上丝绸之路”战略的全面推进，开发海洋文化资源、发展海洋文化产业，将成为全省上下的共识，也必将有效推动浙江海洋文化产业的持续、快速发展。

（三）区域海洋文化产业不断拓展的市场机遇

浙江省地处长江三角洲区域南端。长三角区域是我国经济最为活跃的地区，是全世界第十一大经济体。据统计，长三角区域占全国国土面积的 2.1%，占全国人口 10.4%，但 2013 年长三角地区创造出的地区生产总值 12 万亿元，占全国 GDP 的比重为 40%。

据《2014 年长三角核心区经济发展报告》显示，2014 年长三角核心区城镇居民人均可支配收入均值达到 40 203 元，增速均值为 9.0%，农村居民人均可支配收入均值达到 20 638 元，增速均值为 10.6%。不断增强的居民消费能力推动这一区域形成了庞大的文化产业消费市场，也为区域海洋文化产业发展提供了难得的市场机遇（图 2-2）。

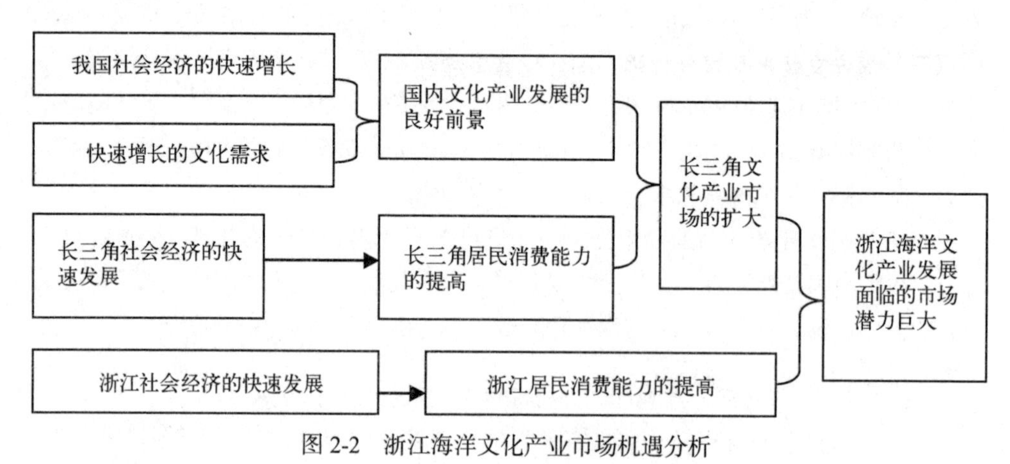

图 2-2　浙江海洋文化产业市场机遇分析

四、浙江海洋文化产业发展的威胁（Threats）分析

（一）国际产业环境给海洋文化产业发展带来了挑战

中国加入世界贸易组织（WTO）后，国外文化企业以各种姿态抢占中国市场，稚气未脱的中国文化产业面临着诸多难题。就浙江海洋文化产业发展来看，突出表现在以下方面：其一，浙江海洋文化产业的发展规模和整体实力较弱，难以与国际文化集团竞争；其二，浙江诸多海洋文化遗产正面临着生存危机。原汁原味的海洋

文化是我们参与国际竞争的优势所在，而“原味”的海洋文化遗产保护却是我们的“软肋”。其三，浙江海洋文化产业结构不尽合理，文化资源配置的国际化程度较低；浙江海洋文化产业的发展存在着功能雷同、产品单一、重复建设、资源浪费、效益低下等结构性矛盾和问题；海洋文化资源的开发利用和文化设施建设的布局程度不高，尤其是海洋文化资源的市场化、国际化配置程度弱化，难以在激烈的市场竞争中取胜。

（二）文化壁垒阻碍海洋文化产业发展进程

由于中国行政隶属关系非常复杂，地区之间的协调难度很大，区域政策环境不平等，海洋文化产业发展各自为政的现象普遍存在，文化领域的地域壁垒、行业壁垒、所有制壁垒等难以在短期内消除。各级政府、各个部门和各类文化企业之间难以协调的状况严重影响了统一区域市场的形成，影响着海洋文化资源的合理整合，导致一些基础设施建设等因各地缺乏协调而进展缓慢，海洋文化产业整体水平难以提高。

（三）海洋文化产品替代性强，同质化竞争激烈

现在我国的海洋文化产业市场不断扩大，海洋文化产品的数量迅速增多，它们之间的可替代性也日益增强。这会导致文化消费者对该产品的需求减少，从而影响该产品的市场份额，使其处于市场竞争的不利境地。海洋文化产品的可模仿性相对较强，尤其是对于海洋旅游文化产业来说，如果文化产品不具有足以区别于其他同类文化产品的特殊性，产品的可替代性就大大增强了。由于自然资源的较高相似性，“蓝天、碧海、阳光、沙滩”成为了很多滨海旅游景区共同的特色，仅称之为“黄金海岸”的金沙滩的景区就有山东青岛的薛家岛金沙滩、日照金沙滩、大连金沙滩、珠海金沙滩，这很容易造成同质化的竞争。再如海滨度假区一般都是依靠优越的环境，修建宾馆和娱乐设施，往往出现互相模仿的情况，难以使消费者与其他同类产品明显区别，市场竞争力明显不足。所以说，浙江海洋文化产品要在市场中赢得有利的位置，首先就是要减少产品的可替代性，而关键就在于产品的不断创新。

五、浙江海洋文化产业发展 SWOT 分析结论

通过分析浙江省海洋文化产业发展的优势、劣势、机遇、挑战，形成不同的战略组合，得到 SWOT 分析矩阵（表 2-5）。

表 2-5　浙江省海洋文化发展的 SWOT 分析矩阵

内部因素 战略选择 外部因素	优势（S）	劣势（W）
	海洋文化资源丰富 区位优势、交通优势 经济基础好、发展势头强劲	企业规模小、产业层次偏低 海洋文化产业发展意识不强 产业人才短缺
机遇（O）	SO 战略——发展优势　利用机会	WO 战略——利用机会　克服不足
国家文化产业发展机遇 浙江海洋经济示范区规划 文化消费成为新消费热点	开发新型海洋文化产品 调整海洋文化产品结构 延伸文化产业链条	发挥文化产业集群优势 完善多元文化投入产出新机制 确定海洋文化产业形象，树立文化品牌
威胁（T）	ST 战略——利用优势　避免威胁	WT 战略——克服劣势　扬长避短
区域竞争激烈 文化产业环境复杂	提升海洋文化产业发展意识 发挥比较优势，走特色之路	通过文化企业努力，变内部劣势为优势 通过政府相关措施，变外部威胁为机会

由 SWOT 分析矩阵可以看出：浙江海洋文化产业具有优势与劣势并存、机会与威胁同在的特点。如何保持和进一步发挥优势来弥补劣势，如何捕捉机遇并减缓威胁，必须从战略高度出发来考虑浙江海洋文化产业的未来发展。

第三节　浙江海洋文化产业可持续发展格局构建

依据浙江区域海洋文化资源状况，遵循整合资源、形成合力、突出特色、循序渐进、注重实效的原则，与全省整体发展规划相适应，与全省陆域文化产业发展相对接，与全省海洋经济发展带规划相协调，以“一带、三区、八大产业”为总体发展框架，逐步构建起区域特色鲜明、结构合理、发展协调、效益显著的文化产业总体格局。

一、一带

一带即浙江海洋文化产业带。

当前应基于 6696 千米的海岸线，依托重点港口形成的海上交通长廊、同三高速公路等沿海公路形成的公路轴线、甬台温（萧甬、温福）高铁构建的铁路轴线和以萧山、栎社国际机场为主形成的空中交通走廊，构建浙江海洋文化产业带。浙江海洋文化产业带将沿海 7 市有机串联起来，从而发挥点–轴系统和点–面体系的优势，促使沿海各地海洋文化产业次第有序，协调发展。浙江海洋文化产业带的打造，突出以宁波—舟山为龙头，以烟台嘉兴、温州、台州等沿海城市为骨干，充分发挥浙江沿海区域海洋文化资源丰富的优势，彰显海洋文化特色，大力发展与海洋文化有关的文化创意、文化会展、动漫游戏、数字出版、数字传输、新型文化用品及设备等新兴文化业态，打造海洋文化品牌。推动文化与科技的融合，充分运用现代科技手段改造传统文化产业，发展新型文化业态。

二、三区

三区即宁舟海洋文化产业区、温台海洋文化产业区、杭州湾海洋文化产业区。（表 2-6）

（一）宁舟海洋文化产业区

本区包括宁波市的滨海地区和舟山市的海岛及邻近海域，拥有港、渔、景、涂等优势资源。宁波、舟山区域海洋开发基础较好，海洋产业初具规模，海洋经济比较发达。

（二）温台海洋文化产业区

本区包括温州市、台州市的滨海地区和海岛及邻近海域，深水岸线、风景旅游和滩涂资源丰富。温州港是我国沿海枢纽港之一，台州港是浙东沿海的重要港口。本区体制、机制活力强，民营经济发达，海洋经济发展基础较好。

（三）杭州湾海洋文化产业区

本区包括杭州湾北岸的嘉兴市部分地区、南岸的绍兴市部分地区以及杭州市的临杭州湾区域。本区滩涂资源丰富，海洋经济发展基础较好，海洋开发程度较高。

表 2-6　浙江海洋文化产业空间布局与产业分布

	海洋文化产业区名称	依托城镇	内外连接路径和通道	重要海洋文化资源	文化产业类型
浙江海洋文化产业带	宁舟海洋文化产业区	宁波、舟山、嵊泗、岱山、石浦、宁海	内：舟山大陆连岛工程、海上航线 外：东海大桥、甬台温沿海大通道、宁波栎社国际机场、舟山机场	海洋宗教信仰文化、海洋渔业文化、海上丝绸之路、港口文化、海盐文化、海洋历史文化、海洋商业文化、海洋军事文化	海洋节庆产业、滨海体育休闲业、海洋旅游业、滨海影视业、海洋工艺美术业
	温台海洋文化产业区	温州市、洞头、平阳、椒江、温岭石塘、临海、三门、玉环	内：温州洞头半岛工程 外：甬台温沿海大通道、温州机场、路桥机场	海防文化、宗教文化、海商文化、海盐文化	滨海休闲产业、海洋旅游业、海洋文化创意业、海洋工艺美术业
	杭州湾海洋文化产业区	杭州市、嘉兴市、绍兴市、海宁、海盐、平湖	内：杭州湾大桥、杭州湾大通道 外：沪杭甬高速—甬台温沿海大通道、杭州萧山国际机场	滨海休闲文化、海潮文化、滨海生态文化	海洋高端休闲产业、滨海旅游观光业、滨海生态文化产业

三、八大产业

即海洋旅游业、海洋节庆会展业、海洋文化创意业、滨海影视制作业、滨海文化演艺业、海洋体育业、海洋工艺美术业、海洋休闲娱乐业。

根据国家统计局印发的《文化及相关产业分类》，从浙江海洋文化产业发展实际出发，确定本区域海洋文化产业重点发展的八个产业，努力构建“布局合理、特色鲜明、市场繁荣、管理规范、运转高效”的具有较强竞争力的现代海洋文化产业体系。

（一）海洋旅游业

享受阳光、沙滩、海水和新鲜空气等大自然的赐予；品海鲜、买海货，领略海洋文化，体验海洋风情；海上冲浪、海底潜水、凭水畅游、扬帆远行，体验海洋的变幻与神奇。海洋旅游的独特魅力正吸引着来自五湖四海的人们投入海洋的怀抱。在许多沿海的国家和地区，海洋旅游业已经成为国民经济的重要产业或支柱产业。挖掘与整合浙江沿海的渔、佛、城、岛、商、山等多姿多彩的海洋文化，重点打造一批省内著名、国内闻名的文化旅游品牌，培育和发展包括滨海旅游观光、购物、休闲、娱乐、演艺、美食为一体的文化旅游产业，并集合多方力量，加快旅游产品的升级和改造。

（二）海洋节庆会展业

整合区域节庆会展资源，使地区之间、节庆之间产生良性互动、互补和协作，提升蓝色经济区节庆会展业的竞争力和影响力。可参照杭州西湖休闲博览会等重大展会活动的做法，以现有国际沙雕节、中国开渔节、徐霞客开游节、中国海洋文化节、钱塘江观潮节等一大批知名节庆活动为基础，借助杭州、宁波等节庆会展名城的影响力与完善的软硬件设施，打破行政区划的割据障碍，努力将浙江以海岛文化、舟楫文化、渔业文化、港口文化、民俗文化、海鲜文化、宗教信仰文化等为主要内涵的节庆活动归纳、提炼、整合，举办长达半年（如 4 月份到 10 月份）的世界海洋博览会，努力将其打造成国际著名的旅游节庆会展品牌。

（三）海洋文化创意业

加速推进文化创意产业的发展，突出文化创意中的蓝色经济特色和海洋文化元素，大力开发具有市场潜力的海洋文化创意产品，通过集群式发展，逐步形成以宁波—舟山为中心，温州、嘉兴、绍兴、杭州、台州协同发展的浙江海洋文化创意产业集聚区，带动整个浙江文化创意产业的全面发展。当前，最值得关注的是应采取一系列有利措施，鼓励发展海洋文学作品、影视剧创作、绘画（如渔民画）、动漫制作、广告策划、工艺品设计等创意产业，吸引和支持优秀创意人才到浙江滨海发展；对以浙江海洋文化资源为创造内容的创意成果给予特别优惠的政策支持和奖励；造就培养实力强大的浙江滨海作家群、书画家群、演艺家群，提升浙江滨海的文化创意水平。

（四）滨海影视制作业

采用合资合作、项目合作等多种形式，结合综合电影院线建设，提升浙江滨海市影视演出场馆的数量和档次；鼓励和吸引社会资本投资于影视剧制作业，力争培育在全省、全国具有竞争力和影响力的影视剧制作公司，实现电影、电视剧生产制作的新突破；积极推进影视剧的数字化进程；同时，从影视发展的产业链来看，要立足于影视剧摄制，逐步向前、后产业链延伸。

（五）滨海文化演艺业

首先，以滨海文化资源为依托，深入挖掘底蕴深厚的文化，打造更具影响力的大型演艺项目和知名演艺品牌，实现滨海演艺项目的大型化、精品化、国际化、市场化，构建演艺产业集群。其次，加快推进文化体制改革和机制创新，推动艺术院团、演出场所与演出市场的对接。有条件的市通过改革组建演艺集团。支持健康的群众性演艺活动和经营性演出活动，优化演艺结构，引导演艺业的连锁化、规模化、品牌化发展。构建现代演出体系，大力发展文化经纪、演出策划、咨询评估、市场调查、票务代理等演出中介机构，规范经营行为，提高文化演艺产品和服务的市场化程度。

（六）海洋体育业

海洋体育产业，是海洋产业体系不可缺少的一部分。利用浙江滨海的优势资源，尽力办民众喜闻乐见的民俗体育赛事。例如开展补渔网、套绳靠岸、“泥滑”比赛等老百姓平日生活当中看得到、做得了的比赛项目。依托各种海上比赛赛事，大力发展海洋休闲体育产业。加快发展多类型、多品种、多档次的海上休闲体育项目，形成表演性、参与性、水上休闲、水上体育运动等系列化项目。举办趣味性沙排比赛、沙滩足球赛、沙地车赛、水上行走比赛等融专业性、趣味性、竞技性、娱乐性于一体的大型室外趣味竞技项目，吸引群众广泛参与。建设大型室内恒温水上运动设施，开展水上冲浪、水上行走及表演性项目，弥补季节限制，促进休闲体育业的发展。进一步规范培训机构，设立大型水上体育项目培训机构，针对不同水上运动项目开展专业培训工作，形成繁荣有序的休闲体育培训市场。

（七）海洋工艺美术业

浙江海洋工艺美术坚持“两手抓、两手都要硬”的方针。一方面要继续走好艺术路，鼓励办好德和根艺美术馆等，加强艺术交流和研讨，不断提升艺术水平。另一方

面要扶持懂得文化产业、擅长市场营销的专业人才从事产业开发，搞好艺术品的市场运作，做强做大这一产业。同时，积极寻求艺术与市场两者之间的利益结合点，尝试通过艺术监制等办法把两者有机结合起来，让艺术家和企业家实现双赢。除象山竹（木）根雕产业外，舟山的农（渔）民画、船模、贝雕等民间工艺也是发展工艺美术产业的珍贵资源。

（八）海洋休闲娱乐业

随着人们对休闲观念的认识越来越深刻，海洋休闲的空间从滨海和海岛地区进一步扩大到海上船中；休闲方式也从传统的消磨时光和康体疗养发展到海上的各种游乐性活动。大力发展集娱乐、休闲、旅游、健身于一体的综合性娱乐设施，加快建设浙江沿海的综合休闲娱乐中心，重点打造九龙山旅游度假区、杭州湾湿地公园、阳光海湾休闲度假区（奉化）等一批大型休闲娱乐项目。

第四节　浙江海洋文化产业发展对策

当前，浙江海洋文化产业发展将迎来难得的发展机遇。我们应坚持以科学发展为主题，坚持转变发展方式为主线，从全局和战略高度重视发展海洋文化产业，把体制机制优势、产业经济优势和特有的海洋自然优势有机结合起来，科学开发海洋文化资源，合理布局海洋文化产业，积极制定相关政策，创新体制机制，增加政府投入，推动沿海地区经济社会与海洋资源、生态、环境可持续发展，推动海洋文化产业科技创新能力与核心竞争力提升。

一、发挥政府在产业发展中的主导作用

《文化产业振兴规划》的发布，标志着我国以政府主导为特征的产业推动模式基本确立。[①]结合国外的经验和浙江海洋文化产业的特点，现阶段政府在推动海洋文化产业发展中应注意：首先，政府应充分发挥其在海洋文化产业发展中的协调功能，积极推进海洋文化产业发展与其他产业门类的协调，不同区域之间海洋文化产业发展的协调，不同部门之间的协调。其次，要建立一套完整系统的保障海洋文化产业健康发展的法律体系，如制订出台文化产业促进法、文化资源保护法、文化投资法、文化市

① 丁俊杰. 发挥政府对文化产业的推动作用. 人民日报，2009-11-17。

场管理法等等。第三，要创造宽松的社会环境，鼓励金融机构加大对海洋文化产业的信贷支持，如对文化生产企业给予政策规定的利率优惠等；进一步放宽文化市场准入条件，消除民资和外资进入文化领域的体制性障碍，引导社会力量参与国有文化事业单位改革、投资发展海洋文化产业；颁布《鼓励浙江非公有制经济发展海洋文化产业的若干意见》，在行政审批、土地使用、市场管理等各个方面制定一系列优惠措施，尽力营造良好的文化生态，推动浙江海洋文化产业健康有序发展。

二、加快海洋文化产业转型升级

（一）改造传统文化产业，创新文化产品

积极推动传统文化产业升级改造，紧紧围绕市场需求，挖掘文化深层内涵，开发和培育文化新产品，重视产品和服务的个性化、特色化、品牌化，针对性地在海洋休闲观光、涉海节庆、海洋工艺品制造、涉海艺术创作、海洋音像图书出版等领域推陈出新，开发经济附加值高、市场竞争力强、市场需求大、产业关联度大的文化产品。以信息技术为支撑，大力发展电子商务，推进传统文化产业向新的生产模式、营销模式和消费模式扩展。

（二）加快发展文化内容产业，促进产业结构调整

大力发展广播电视电影、动漫、网络游戏、新闻出版等内容产业，积极构建以文化内容产业为核心，以文化创意产业为先导，结构合理、优势突出、科技含量高、创意新颖、竞争力强的现代文化产业体系。大力发展与高新技术密切结合的新兴海洋文化产业，全面提高文化产业的科技实力，以科技创新促进产品创新和管理创新，提高海洋文化产业竞争力。[①]

三、积极推进海洋文化资源的保护

海洋文化资料和海洋文化资源是进行海洋文化教育，满足人民群众文化生活需要的重要载体。改革开放以来，浙江沿海各地在抢救海洋文化资料，保护开发海洋文化资源上做了很多有益的工作。但是，不可否认，也有一些口耳相传的资料、资源由于没有及时抢救而失传，或面临着失传；一些老艺人因为没有传人，年轻人不

---

① 舟山市发改委. 舟山市海洋文化产业发展绩效评价报告.　http://www.zsi.gov.cn/fzgh/ktdy/201506/t20150609_752946.shtml。

愿意学习，其技艺、文化将面临后继无人的现象；一些重要的海洋资源、遗址因为城市、交通的开发而破坏。因此，为了保存珍贵的海洋文化资料和海洋文化资源，必须采取以下举措。

（一）对海洋文化资料进行抢救、整理、研究、出版

海洋文化资料的抢救工作需要耗费大量的人力、物力、资金，单靠几个热心人是不够的，而必须由宣传部、文管局等相关部门牵头加以推进，组织高校、文史馆等科研人员以及社会力量来进行采集、整理，启动中国海洋文化资料抢救工程，并整理民间各类传说、历代海洋文学选、诗歌选、散文选、小说选，进一步深化海洋历史文化的研究，挖掘浙江海洋文化的历史遗产，推进海洋文化的传播，加强海洋文化的宣传力度，并开设地区性的海洋网站，展示海洋文化的成就、历史。

（二）摸清海洋文化资源的家底

为了有效地保护浙江海洋文化资源，有必要加以全面地清查，弄清楚这些文化资源的数量和现状，切实制定有效的保护措施，确定其保护等级，争取各方面的支持，并对一些适合旅游、展览的资源，进行有序的、适度的开发。如，宁波市应该加快对庆安会馆遗址、永丰库遗迹、上林湖越窑遗址、三江口等进行不同级别文化遗产项目的申请。

（三）保护、传承非物质文化遗产

要使非物质文化遗产后继有人，不但要在物质保障上下功夫，由政府提供资金支持，或争取民间资本的扶持，而且要在制度、体制上下功夫，使非物质文化遗产的传承有制度上的安排，让非物质文化遗产的传承人可以有计划地招收学生或徒弟。另外，要加强宣传和教育，在内容、形式等方面进行创新，并与现代的传播形式进行结合，使这些非物质文化得到人民群众更多的认同和支持。

四、科学制定区域海洋文化产业发展战略性规划

“十二五”规划建议中明确提出，要“发展海洋经济，坚持陆海统筹，制定和实施海洋发展战略，科学规划海洋经济发展。”陆海统筹是在陆地与海洋两个不同的地理单元之间建立一种协调的关系和发展模式，要求更注重区域比较优势和资源特色，围绕沿海社会和经济的发展，建立统一、协调的规划体系和政策体系。

当前，应围绕国务院批复《文化产业振兴规划（2009）》《浙江海洋经济发展示范区

规划（2011）》《浙江省国民经济和社会发展第十三个五年规划纲要（2016）》等精神，制定浙江海洋文化产业发展专项规划，将发展区域海洋文化产业的理念、目标、战略定位、具体对策、路径选择、配套政策、重点项目和实施方法等充分体现出来。具体而言，浙江海洋文化产业发展规划，应着力于三方面：一是要给予产业高定位，要把发展海洋文化产业作为浙江省经济增长新方式，使海洋文化产业成为一个经济新增长点，同时也使海洋文化产业的发展成为浙江省建设现代“海洋大省”、“文化大省”的一大推力；二是要注意产业特色化，要重视对浙江省沿海区域海洋文化特色的挖掘，要在相关项目中凸显浙江省海洋文化特色；三是要注意产业发展的可持续性，要设置好浙江海洋文化产业的管理机制，要在产业人才和资金上具有可操作的制度设计。

五、加强区域合作，拓展海洋文化产业的发展空间

在文化产业体系构建的过程中，受各地文化资源禀赋、经济基础和地理位置等因素的影响，文化产业发展呈现出区域性非均衡发展的特点，对文化产业的全面推进和协调发展形成阻力。打破地域性约束，释放区域海洋文化经济的内在活力，实现区域海洋文化产业体系的系统化建设，成为浙江海洋文化产业发展进程中一项重要任务。当前，应借助长三角区域一体化全面推进、国家支持上海建设国际金融中心和国际航运中心的有利契机，加速推进海洋文化产业的区域深层次合作，推动生产要素的跨地区高效流动和资源的优化整合，以推动海洋文化产业市场的开拓，开发成本的降低和区域品牌的塑造。根据区域合作的规律和文化产业的特殊性，我们认为，应把战略项目合作作为海洋文化产业区域合作的战略重点。

（一）海洋文化资源项目整合方面的合作

在这方面，江浙沪三省市负责整合文化资源的机构，应把视野放大到长三角区域海洋文化资源的整合，通过摸清底数、统一规划、统一协调，打破行政和行业壁垒，建立起有效的海洋文化资源整合机制、生产要素重组和创造机制，统筹跨区域、融合性文化资源项目的投资与开发，将潜在的文化资源优势切实转换为产业发展优势和竞争优势。

（二）海洋文化产业园区建设项目的合作

长三角海洋文化产业园区建设项目的合作，首先应集中精力推进经营上的合作，包括跨区域经营、跨区域投资等。其次，利用区位优势和比较优势，着力建设东海海洋文化产业带，使之成为国内、国际著名的产业园区（基地）。再次，本着高起点、

高标准的原则，通过成立区域性海洋文化产业园区协作联盟，进行信息交流和资源协作，分享文化产业园区建设理念的研究成果，完善软环境，形成区域间、不同领域间的互相支持。

（三）区域文化企业发展项目的合作

长三角需要通过区域体制共建，合力推进区域之间的海洋文化经济要素的合理流动与有效组合，鼓励企业组建跨区域经营的现代文化企业。为此，长三角文化企业项目合作的重点应是，相互开放文化市场，采取相似或统一的优惠政策，鼓励、支持各类文化企业的发展，共同打造一个培育创意、鼓励创新、方便创业的制度环境和文化氛围。通过促进文化要素的有序流动，以合资、合作、联营、控股、并购等方式，积极有效地吸引各类社会资金，在长三角区域内形成一批重点文化产业及若干个上规模的文化产业集团和具有较强竞争力的特色文化企业。

六、实施人才培育工程，建造智力支持环境

人才是产业永续发展的动力，对于文化产业而言更是如此，这是因为文化产品主要源于人的创意和智慧。能否通过合理的人才培养、管理和使用机制，最大限度地发挥人的创造才能、激发人的创造活力，对于增强文化产品的市场竞争力、实现文化产业的可持续发展，具有十分重要的意义。

（一）构建以高校为主体的多层次人才培养模式

“文化产业的发展需要千百万创造性人才，这正是高等院校的责任所在。无疑，高等院校的科研与教学要努力探索和把握社会发展的脉搏，紧跟时代前进的步伐，成为中国文化产业发展的强大推进器和人才培养的最佳孵化器。”[①]浙江的高校要围绕浙江文化产业发展对文化经营管理人才量的需求和对人才的各种结构、层次的需求，承担起培养文化产业经营管理人才的艰巨任务。我们认为，可以依托浙江大学、宁波大学、浙江海洋大学等高校筹办文化产业学院，设立文化产业专业，开设海洋文化产业课程，培养文化产业方面的本科生、研究生等高层次策划、管理人才；依托浙江国际海运职业技术学院、宁波城市职业技术学院等高职院校培养海洋文化产业的一线经营服务人员。

---

① 纪宝成. 高校应成为中国文化产业发展的强大基地. 中国文化报，2004 - 02 - 26。

（二）结合需求，引进优秀文化人才

文化产业人才培养是一种长线工作，要想在较短的时间里尽快改善浙江海洋文化产业人才队伍的结构，行之有效的方法就是尽快引进一批高素质的优秀人才。首先，引进优秀的海外文化产业人才。引进一批优秀的海外人才，配置到海洋文化产业队伍中，一方面发挥这类人才作为领军人物的作用；另一方面，他们可以以文化产业发展的前沿管理理念、创意思路、运营模式等新知识和新观念来影响和带动现有的人才队伍，使浙江海洋文化产业的人才水平和素质能在较短的时间内尽快提升起来。第二，因地制宜、筑巢引凤，内引外联，引进专业人才。放宽政策、简化手续，有计划地引进国内外有一定知名度的各类高素质海洋文化产业经营管理人才。允许有特殊才能的海洋文化专业人才和经营管理人才以其拥有的文化品牌、创作成果和科研技术成果等无形资产占有文化企业的股份，参与收益分配。

（三）创新机制，科学配置海洋文化产业人才

善于运用市场机制留住人才。第一要创新分配机制，激励人才。分配差距的适当拉开既是对人才价值的肯定，同时也是吸引人才的有效手段。浙江各级政府要创新人才分配激励机制，实行“绩效优先”的分配方法。这样，既可以使他们的经济价值得到充分体现，又可以允许和鼓励以智力形式作价入股参与收益分配、实行股权制、年薪制等分配制度，逐步建立“市场机制调节，部门自主分配，政府监控指导”的新型机制，允许特殊人才兼职兼薪。第二要创造人才施展才华的舞台。在分类确定核心岗位和一般岗位的基础上，明确岗位目标和责任，按需设岗、竞争上岗，严格考核，动态管理，在文化企事业单位构建能进能出、能上能下的用人机制。可以推行项目负责制，赋予文化优秀人才更大的权利和责任，使他们拥有更大的成就事业的舞台，促进优秀人才脱颖而出。

七、加强宣传，提升全民海洋意识

国家海洋局原局长孙志辉曾经表示，海洋经济、科技、资源、海权力量的竞争，实质上是海洋文化的竞争。不同的海洋思维、海洋意识、海洋观念等海洋文化因素，决定着竞争的成败。海洋意识，即人们对海洋世界的总的看法和根本观点。它反映了人们对海洋的认识。提高海洋意识是非常艰巨的任务，要持之以恒长期进行。树立海洋意识是大力发展海洋经济的先决条件。

（一）提高海洋文化的传播能力

传播力决定影响力。当今时代，谁的传播手段先进、传播能力强大，谁的文化理念和价值观念就能广为流传，谁的文化产品就更有影响力。应充分利用传统媒体特别是新兴媒体，拓展传播渠道，丰富传播手段，提升海洋文化的传播能力。还应充分发挥各类海洋文化节庆活动的传播作用。办好海洋节庆、海洋文化论坛等活动，组织举办高水平的海洋文化交流活动，增进民众对核心区海洋文化的了解，积极推动海洋文化深入民心。网络也是一条很重要的传播路径，可以建立以海洋文化为专题的网站，既有利于信息交流，也有利于海洋知识的传播，使越来越多的人通过网络的力量感受海洋文化的魅力。

（二）提高海洋意识教育

首先，开展海洋文化进入寻常百姓家的活动，这是普及海洋文化、加强海洋意识的有效途径。要通过传媒、校园教育等多维方式，向广大百姓宣传、推广海洋意识对于今日世界发展的重要性。其次，加强对青少年一代的海洋文化教育，让他们形成一种系统、自觉和长久的海洋文化思想意识，为中国成为海洋强国打下良好的人文基础。

（三）完善海洋文化载体的建设，营造海洋氛围

完善浙江沿海系列博物馆群、海洋类节庆活动以及论坛等海洋文化载体的建设，营造浓烈的海洋文化氛围。这些文化载体不只是文化的陈列、收藏与展示，更重要的是它的文化导向，让观众知道其价值而心灵震撼、受到启迪。随着人们对历史、知识和精神的更高要求，博物馆、节庆的发展正向专业化、现代化、信息化和产业化方向迈进，其社会的影响面越来越深远，在宣传、推介海洋文化方面的优势也越来越值得关注。

第三章　浙江海洋文化创意产业园建设

海洋文化创意产业是滨海地区围绕海洋文化资源的利用与保护，综合集成创意设计、金融资本、现代数字技术等将地方海洋文化资源转化为文化创意商品、各类企业集合，区内各种海洋文化产品生产企业及其相关配套服务企业的群集所形成的产业区便是海洋文化创意产业园。根据产业区或产业集群的相关界定，海洋文化创意产业园通常具有4个典型特征：一是企业的部门集中与空间集聚；二是地方经济主体之间的社会文化联系与共同的行为准则；三是基于市场和非市场交换的物品、服务、信息、人才的垂直和水平联系；四是有支持众多企业的公共或私营机构网络。为此，本章通过单要素评估与全要素诊断，全面评价浙江发展海洋文化创意产业园的基础与条件、优劣势；梳理浙江海洋文化产业园建设的现状特征、空间分布、存在的问题。在此基础上，结合浙江省海洋经济示范区规划，针对海洋文化资源转化利用、文化创意产业人才培育与集聚、省域滨海与海岛文化创意产业园发展结构与空间组织等方面提出推进策略。

第一节　建设海洋文化创意产业园的条件评估

文化创意产业依托的文化资源具有较强的地域性、民族性与历史性，文化创意产业的发展不仅要求地理区位上的企业相对集中，而且要求在生产与创作上要相互匹配与协调。对于海洋文化创意产业而言，相较其他物质生产领域的产业，海洋文化创意产业具有更强的群集特征。相关研究表明，海洋文化产业园形成与健康发展的基本条件主要包括生产资源、消费需求、支撑产业、环境氛围等（表3-1）。

表3-1　海洋文化创意产业园建设基本条件

	主要内容	在培育海洋文化创意产业园中的影响
生产资源	包括具有创造力的人、充裕的社会资金、地方性很强的文化资源等	是海洋文化创意产业园发展的基础
消费需求	旺盛的生活性文化创意产品公众需求；日益提高的生产性文化创意产业企业需求	是海洋文化创意产业园发展的原动力

续表

	主要内容	在培育海洋文化创意产业园中的影响
支撑产业	指海洋文化创意产业园的前项、后项联系的产业，主要有科教、信息技术、营销等	是海洋文化创意产业园发展的催化剂
环境氛围	指在有限的地理区域内，一系列非正式社会关系形成的复杂网络，包括地方发展海洋文化创意产业园的一切"软""硬"件设施	是海洋文化创意产业园发展的支撑力

资料来源：根据相关资料整理而成。

一、浙江发展海洋文化创意产业园的单要素评估

浙江省滨海地区涵盖嘉兴市、杭州市、绍兴市、宁波市、舟山市、台州市、温州市，各市发展海洋文化创意产业的支撑条件各具特色，在此主要从文化资源、人才条件、科技政策条件和其他条件四方面进行梳理（表3-2）。

表3-2　浙江滨海市发展海洋文化创意产业的支撑条件

地区	文化资源	人才条件	科技政策条件（文化创意产业园）	其他条件
嘉兴	是中国江南文化的重要发源地和国家历史文化名城，其马家浜文化源远流长；拥有丰富多彩的江南民间艺术，如：秀洲农民画、蓝印花布、描花灶头、雕花糕模、泥塑蚕猫、刺绣、剪纸、建筑饰物等	有同济大学浙江学院、嘉兴学院等高校6所，在校生6.37万人（2013年）；有嘉兴科技城等37家科研机构，新兴科教资源和人才储备丰富	嘉兴环南湖文化创意产业带，包括嘉兴创意江南文化产业园、嘉兴国际创意文化产业园、嘉兴现代文化创意产业园等园区	紧邻沪苏杭，面向杭州湾，连接长三角南北两翼，具有独一无二的区位条件
杭州	拥有8 000年文明史，5 000年建城史，是中国七大古都之一，历史文化资源丰富，如："良渚文化""吴越文化"和"南宋文化"	拥有浙江大学、中国美术学院、浙江传媒学院等为代表的38所高等院校，在校生高达45.9万人（2012年），为文化创意产业发展提供丰富的专业人才	LOFT49文化创意产业园；A8艺术公社；白马湖生态创意；创意良渚基地；杭州国家动画产业基地；唐尚433；西湖创意谷；运河天地文化创意园等众多文化创意产业园区	①民营经济发达，有充足的民营资本；②有西湖、大运河、西溪湿地、钱塘江等独特的自然景观资源；③有"中国动漫之都""中国电子商务之都""东方休闲之都""中国女装之都""江南艺术品交易中心"等文化创意品牌，产业基础扎实

续表

地区	文化资源	人才条件	科技政策条件（文化创意产业园）	其他条件
绍兴	越文化的发源地，是有2 500年历史的国家首批历史文化名城；民俗文化以茶道和越剧为代表；是瓷器的发源地；又以“丝绸之府”著称	绍兴文理学院、越秀外国语学院、浙江工业大学之江学院、阳明书院等高校，在校生5.39万人（2010年）	金德隆文化创意园	绍兴的民营经济总量占全市经济总量的95%，民间资本充裕，民营经济特别发达
宁波	历史文化名城，有独特的历史文化，如7 000年的河姆渡文化、亚洲最古老的藏书楼——天一阁、商帮文化及港口文化等	拥有宁波大学、浙江大学宁波理工学院、宁波工程学院等高校16所，在校学生15.3万人（2013年底），但创意人才依旧不足	江北区有创意1842外滩、1956产业园、134创意谷、宁波大学科技产业园、慈城天工之城；江东区有甬江东岸文化创意产业基地、江东三厂时尚创意街区；海曙区有新芝8号；鄞州区有梁祝产业园；镇海区有大学科技园创意产业基地；还有象山县的象山影视基地	①宁波是“中国品牌之都”，经济实力强，有较强的产业基础；②宁波制造业已经开始从单纯的加工制造进入急需创意设计的复合运营和品牌创造阶段，企业众多，创意产业渗透面极大，市场十分广阔
舟山	拥有自然和人文，历史和现代，陆地和海洋相互渗透的海洋文化体系；拥有佛教和道教等宗教文化、徐福文化、海岛远古文化、沙雕文化、武侠文化、军事文化、休闲文化等分支文化	拥有浙江海洋学院、浙江海运职业技术学院共3所高校，在校学生2.33万人（2013年）	有定海区文化创意园区	背靠沪杭甬，面向太平洋，既是华东门户又是南北海运线的中心点，区位条件优良
台州	是中国戏曲——南戏的主要发源地；有发达的民间工艺：仙居针刺无骨花灯被称为“中华第一灯”；临海的剪纸、台州的玻璃雕刻和刺绣等9项传统工艺被列入省级非物质文化遗产保护名录	拥有台州学院、台州职业技术学院、台州广播电视大学3所主要高校，在校生10 000余人（2013年）	有台州经济开发区创意产业园、市区艺术走廊、天台雕刻工艺产业园、仙居工艺品产业园、温岭创意产业园	有雄厚的经济基础和发达民营经济为支持

续表

地区	文化资源	人才条件	科技政策条件（文化创意产业园）	其他条件
温州	有"百工之乡"的美称，以瓯绣、黄杨木雕、细纹刻纸、许大同制笔、石雕、米塑、泰顺车木工艺、洞头贝雕为代表的民间工艺资源丰富；有"戏曲故里"、"歌舞之都"、"书画名城"的特色文化资源	有温州大学、温州职业技术学院等高校 7 所，在校生 7.65 万人（2012 年），但文化创意产业从业人数学历不高，人才资源缺乏	"东瓯智库"、吴桥工业区、鹿城工业区、浙江工贸学院创意园区等	①温州轻工产业规模大、市场覆盖面广，工业设计与广告方面的市场需求巨大；②有着扎实的轻工产业基础

资料来源：张茜（2014）。根据各市相关资料整理而成。

（一）海洋文化资源存量与空间结构评价

海洋文化资源作为海洋文化的承载物，是海洋文化的外在表现形式。海洋文化主要包括海洋物质文化，海洋精神文化和海洋制度文化。海洋物质文化，是在物质产品中融入了海洋精神文化的要素，如海洋建筑、渔民服饰、特色饮食等都承载相应的海洋文化；海洋精神文化，包括与海洋有关的心理心态、观念、价值观以及由此发展各种伦理、道德、宗教、美学、音乐诗歌文学、绘画等理论化和对象化的海洋文化；海洋制度文化，主要包括与海洋有关的政治、法律、经济方面的制度，家庭、婚姻等制度，还有与海有关的生产、生活制度等。其中，海洋精神文化与海洋制度文化可归入海洋非物质文化的范畴，正因为如此，海洋文化可分为海洋物质文化和海洋非物质文化两大部分。海洋物质文化资源与海洋非物质文化资源的类型细分见表 3-3。

表 3-3　海洋文化资源的类型与基本单元

	亚类	基本单元
海洋物质文化资源	公园娱乐设施	沿海地区的主题公园、滨海长廊、游乐园、海滨浴场、海滨娱乐设施等
	自然景观	海岸风景、海岛风光、潮涌风暴、海滩礁岩、峡峰岩洞、日月星辰、海洋天象等
	文化场馆	沿海地区的博物馆、纪念馆、文化馆、展览馆、陈列馆、民俗馆、海洋馆、水族馆等
	文化遗存	古人类活动遗址、古盐场、古海港、古战场、古卫所、古炮台、古沉船、古海底文物、古海塘、古灯塔、古贝丘等
	现代生产生活场地与设施	海港、码头、渔场、渔村、跨海大桥、海滨城市（镇/村落）、养殖场
	宗教文化及民间信仰场所	海上寺庙、海神庙、观音道场、龙王道场、历史名人祠、家族宗祠

续表

	亚类	基本单元
海洋非物质文化资源	民风民俗	传统节庆、民间庙会、宗教信仰、婚丧嫁娶、饮食起居
	海洋文学艺术	海洋文学、现代艺术、传统戏曲、音乐、舞蹈、电影、电视剧、摄影、曲艺、杂技、美术、雕塑
	海洋庆典会展	文化节、艺术节、旅游节、开渔节、海鲜节、沙雕节、交易会、博览会等
	涉海社团	与海洋有关的国际组织、国家组织和民间组织
	现代海洋科技	海洋基础科学、海洋应用科学、海洋渔业技术、海洋盐业技术、海洋油气技术、海洋矿业技术、海洋航运技术、海洋气象技术
	民间技能	沿海民间产生并广为流传的故事、谚语、掌故、传说、神话以及口述形式作品和民间工艺技术、日常生活技艺
	海洋名人名地	与海洋相关的名人、名地、著名事件等

资料来源：杨宁. 浙江省沿海地区海洋文化资源调查与研究. 北京：海洋出版社，2012。

浙江省滨海七市的海洋文化创意资源在历史文化、民间工艺、特色传统文化资源三方面各有所长，不分伯仲。其中，①杭州、绍兴、宁波、嘉兴拥有悠久的历史和深厚的文化积淀，均已获“国家历史文化名城”称号。杭州拥有“良渚文化”“吴越文化”和“南宋文化”；绍兴以其酒文化、桥文化和越剧闻名；宁波的商帮文化及港口文化是其特色；嘉兴的马家浜文化源远流长。②温州、舟山、台州和丽水的历史文化资源虽不及上述地区丰富，却依旧独具特色。温州有瓯绣、黄杨木雕等丰富的民间工艺资源，被誉为“百工之乡”；舟山的海洋文化、宗教文化、武侠文化、军事文化将其与浙江其他地区区分开来，“个性十足”；台州有发达的民间工艺，其玻璃雕刻和刺绣等9项传统工艺被列入省级非物质文化遗产保护名录。③目前，浙江有观音传说（舟山市）、徐福东渡传说（象山县、慈溪市、岱山县）、戚继光抗倭传说（台州市椒江区、临海市）、海洋鱼类故事（嵊泗县、洞头县）、舟山渔业谚语（岱山县、舟山市普陀区）、跳蚤会　（舟山定海区）、舟山渔民号子（舟山市）、舟山锣鼓（舟山市）、陈十四信俗（瑞安市、平阳县、洞头县）、妈祖信仰（洞头县）、东海龙王信仰　（舟山市普陀区）等46项国家级涉海非物质文化遗产。

浙江滨海8市的主要海洋文化资源见表3-4，就海洋文化资源类型涵盖数量论，嘉兴、舟山、宁波、温州比较全；就海洋文化资源具体名录数论，宁波、舟山、温州位居前三。

表 3-4　浙江滨海市主要海洋文化资源名录

	亚　类	名　录
嘉兴市	公园娱乐设施	盐官观潮
	自然景观区	九龙山、南湖
	文物遗存	南湖红船、马家浜文化遗址
	历史文化名地	乍浦
嘉兴市	民间技能	五芳斋粽子
	民间文学	陆绩怀橘故事
	现代节庆会展	西瓜灯节
	文化名人	沈钧儒、张乐平、金庸、李叔同
杭州市	自然景观区	西湖、湘湖、富春江、新安江
	文物遗存	钱塘江大桥
	民间技能	萝卜干制作
	历史文化名人	贺知章
	现代生产设施	杭州湾跨海大桥
绍兴市	自然景观区	柯岩、鉴湖、兰亭森林公园
	文化场馆	鲁迅纪念馆
	历史文化名地	安昌古镇
	民风民俗	大禹祭典
	民间传统艺术	越剧
	民间技能	黄酒酿制
	文化名人	陆游、竺可桢
	历史事件	周恩来视察绍兴
宁波市	公园娱乐设施	象山民俗文化村
	文化场馆	天一阁博物馆、宁波帮博物馆、河姆渡遗址博物馆、中国港口博物馆（北仑）
	文物遗存	慈城古建筑群、蒋氏故居、
	历史文化名地	月湖街区、鼓楼街区、三江口片区
	民风民俗	三月三踏沙滩
	民间技能	红帮裁缝技艺
	现代节庆	中国开渔节、中国港口文化节
	历史事件	甬台温铁路开通、杭州湾跨海大桥建成、舟山跨海大桥建成
舟山市	公园娱乐设施	鸦片战争遗址公园
	文化场馆	舟山警备区军史陈列馆、蚂蚁岛创业纪念室、中国海洋系列博物馆
	历史文化名地	普陀山、沈家门渔港、东沙古渔镇
	民间传统艺术	舟山锣鼓、舟山渔民画、木帆船
	现代节庆会展	中国海洋文化节、普陀山南海观音文化节、舟山国际沙雕节
	历史文化名人	黄式三、黄以周
	历史事件	解放舟山群岛战役、舟山跨海大桥建成
台州市	自然景观区	大鹿岛森林公园、方山、长屿洞天
	文化场馆	吴子熊玻璃艺术馆、海洋世界水族馆
	文物遗存	戚继光祠、江南长城

续表

	亚　类	名　录
台州市	现代节庆会展	中国青蟹节
	历史文化名人	叶文玲
	历史事件	一江山岛战役、玉环漩门大坝工程
温州市	公园娱乐设施	江心屿公园
	自然景观区	雁荡山、南麂列岛
	文化场馆	先锋女子民兵连陈列室
	文物遗存	半岛工程
	民间信仰活动场所	中普陀寺
	民间传统艺术	南戏
	民间技能	木活字印刷术
	现代节庆会展	世界温州人大会
	历史文化名人	苏步青
	历史事件	台风登陆

资料来源：杨宁．浙江省沿海地区海洋文化资源调查与研究．北京：海洋出版社，2012，有增补。

（二）海洋文化创意人才现状与潜力评价

人才条件方面，浙江省滨海 8 市均有高等院校为其文化创意产业提供人才支撑，但地区差异大。①杭州拥有浙江大学等综合大学以及中国美术学院、浙江传媒学院、浙江音乐学院（筹）、浙江艺术职业学院等艺术类专业院校为其提供创意专业人才，2014 年底杭州有 38 所高校，在校生人数约 50 万人。因此，不论是创意专业人才还是人才数量，杭州均是浙江的“第一”；②2014 年底宁波市拥有宁波大学、宁波工程学院等高校 16 所，在校学生约 17 万人。在全省 11 市中，宁波的人才数量仅次于杭州，但因缺乏艺术类院校，创意专业人才不足；③温州、嘉兴、绍兴、舟山的高校在校生人数虽不及杭州和宁波，却明显优于浙江其他市。

就目前文化创意产业从业人数而言，嘉兴市 2013 年末共有文化法人单位 5 400 家，从业人数 11.52 万人；杭州市规模以上文化创意产业企业从业人员为 32.31 万人；绍兴市共有各类文化产业单位 19 200 家，规模以上文化产业单位 367 家，从业人员约 5.1 万人；宁波市文化产业从业人员从 2004 年的 18.8 万人增加到 2008 年的 24.01 万人，2013 年末约有 30 万人；舟山市 2004 年全市文化产业单位共有 3 232 家、从业人数 2.52 万人，2006 年全市文化产业从业人员 2.66 万人，2013 年末从业人数约 4.5 万人；台州市各类文化企业事业单位逾 6 000 家，从业人数 10 万多人；温州全市拥有文化企业 11 716 家，从业人数约 13 万人。

综上可知，已有产业从业数量和正在各院校培养的文化创意产业人才，成为浙江滨海8市海洋文化创意产业发展的主体动力，综合两者发现杭州、宁波、温州位于沿海8市人才前三强，舟山最弱，其余城市居中。

（三）海洋文化产业发展战略与综合体制评价

浙江省沿海8市中，舟山市因其独特的地理位置在指导文化产业发展“十二五”规划时特别强调发展中海洋文化产业，其余7市均是在浙江省文化产业“十二五”规划指导下制定本市文化产业发展规划，海洋文化产业只是众多产业中的某些行业的集合。在已有各市文化产业发展规划和产业综合扶持政策中，均将人才培养与引进、重点中小企业扶持、办公场所租赁、税收补助、金融扶持等作为文化创意产业发展的综合政策，各市对发展文化创意产业的意愿和战略支撑非常强烈，且在浙江省政府的统一领导下趋于一致。

二、浙江发展海洋文化创意产业园的全要素诊断

综合浙江海洋文化创意产业园发展的单要素评估结论，全面诊断浙江海洋文化创意产业园建设的支撑条件、瓶颈要素及各市差异。

（一）滨海市建设海洋文化创意产业园的综合能力

浙江滨海市建设海洋文化创意产业园的综合支撑能力雄厚。

1. 具有丰富的专业人才

浙江滨海地区既拥有浙江大学、浙江理工大学、宁波大学、温州大学等综合类高等院校，又具有中国美术学院、浙江传媒学院等艺术类院校和杭州师范大学等师范类院校，这些院校开设有书法、雕塑、动漫、设计、表演、传媒等各类艺术专业。截至2013年年底，浙江高等院校本专科及研究生在校生人数101.74万人。充足的人才资源为浙江文化创意产业发展提供强有力的支撑。

2. 具有深厚的历史文化底蕴

浙江不仅有越剧、婺剧、瓷器、丝绸、刺绣、剪纸、木雕、根雕、米塑等大量传统文化资源，亦有“吴越文化”“良渚文化”“商帮文化及港口文化”和“海洋文化”等特色文化。截至2013年，浙江拥有6个国家历史文化名城、6个全国历史文化名镇、2个全国历史文化名村，深厚的历史底蕴为其文化创意产业发展提供了丰富创意资源。

3. 具有数量众多的文化创意产业园区

浙江有 70 多个文化创意产业园区，多数位于杭州、宁波、绍兴、温州等市。这些产业园区有着完善的基础设施、大量的创意型人才，且类型多样，各具特色。

4. 政府对发展海洋文化创意产业园给予高度重视

个别县市已有文化创意产业发展规划中十分强调的利用海洋文化资源发展海洋文化产业集聚区，如舟山市、象山市、台州市、温州市等。

（二）滨海市建设海洋文化创意产业园的瓶颈要素

如表 3-5 所示，浙江省滨海市的文化产业发展规划或文化产业培育政策，均指向人才集聚、资本扶持、资源转化机制等方面，沿海 8 市的产业发展规划毫无疑问号准了文化创意产业发展的脉搏。这进一步佐证了海洋文化创意产业园的建设难点，在于集聚与培养创意人才，培养本土领军型海洋文化创意企业及其集群。

表 3-5　浙江省滨海市近年文化产业规划的保障措施

	文件名称	保障措施
嘉兴市	嘉兴市文化产业发展“十二五”规划（市委宣传部 2013 年 12 月 09 日）	（一）落实六大措施 1. 鼓励产业技术创新。坚持市区县联动，设立有政府资金参与的创意设计服务平台、影视动漫技术服务平台。 2. 设立创业孵化平台。由政府支持设立“共同创作室”，在工业设计、演艺等重点扶持发展的行业中，为具有技术优势但需要资金支持的中小企业提供必要的更优惠、更系统的扶持。 3. 完善市场交易体系。一是放宽市场准入；二是鼓励、支持和引导中小型文化企业发展；三是健全中介组织；四是改善市场服务；五是完善文化市场综合执法机制。 4. 提升区域合作水平。 5. 积极促进对外开放。 6. 促进文化市场消费。 （二）强化六大保障 1. 组织保障。 2. 政策保障。 3. 人才保障。一是摸清文化产业人才供求缺口现状；二是引进高层次人才；三是建立健全人才评估体系和激励机制；四是加快紧缺人才培养步伐。 4. 资金保障。一是拓宽投融资渠道；二是整合金融资源；三是探索建立文化产业创新风险投资机制；四是加大财政支持力度；五是完善文化产业投融资优惠政策；六是创新融资模式。 5. 用地保障。 6. 产权保障。

续表

	文件名称	保障措施
杭州市	杭州市文化创意产业发展规划（2009—2015年）（杭州市文化创意产业办公室2013年5月20日）	（一）优化发展环境 1. 强化组织领导。 2. 深化体制改革。 3. 构建服务体系。 4. 推进品牌建设。 5. 注重招商推介。 6. 加强考核评价。 （二）强化政策扶持 1. 财税政策。主要包括以下方面：（1）自2008年起，市大文化产业专项资金更名为市文化创意产业专项资金，资金总额增至1.52亿元，并根据财力逐步递增。（2）市本级每年在市文化创意产业专项资金中安排动漫游戏产业发展专项资金5 000万元，用于支持我市动漫游戏产业发展。（3）从市科技计划相关专项资金和市人才专项资金中安排一定资金，用于扶持文化创意产业发展。……（6）凡经市文化创意产业指导委员会认定为杭州市级文化创意产业基地的，由市文化创意产业专项资金一次性给予50万元资金资助。
杭州市	杭州市文化创意产业发展规划（2009—2015年）（杭州市文化创意产业办公室2013年5月20日）	（7）支持和引导担保机构为我市中小文化创意企业的融资提供担保。（8）设立政府创业引导基金，采用阶段参股、跟进投资等方式，吸引国内外的风险资本投向初创型文化创意企业。（9）在杭注册的文化创意企业，其申报软件著作权、专利权等知识产权所发生的费用，由市文化创意产业专项资金或市科技计划相关资金给予一定资助。（10）支持高等院校和创意培训机构开展相关文化创意培训，对成绩突出者给予一定奖励。（11）加强对重点文化创意企业和重点文化创意产业的财政扶持，引导和推动文化创意企业提高自主创新能力。……（17）对经营性文化事业单位改制为企业的，自转制注册之日起免征企业所得税。（18）由财政部门拨付事业经费的文化单位转制为企业，自转制注册之日起对自用房产免征房产税。（19）对单位和个人从事技术转让、技术开发和与之相关的技术咨询、技术服务业务取得的收入，免征营业税、城建税、教育费附加和地方教育费附加。企业、事业单位符合条件的技术转让所得，一个纳税年度内不超过500万元的部分，免征企业所得税；超过500万元的部分，减半征收企业所得税。……（23）允许企业为开发新技术、新产品、新工艺发生的研究开发费用，未形成无形资产计入当期损益的，在按照规定据实扣除的基础上，按照研究开发费用的50%加计扣除；形成无形资产的，按照无形资产成本的150%摊销。 2.投融资政策。（1）对为向文化创意企业提供贷款业务的银行等金融机构，经认定后，每年按其新增贷款余额给予适当的风险补偿。……（3）对于以第二条方式获得的贷款或纯公益性项目和市里认定的重点文化创意产业项目发生的贷款业务，经认定后，按实际发生利息额给予贷款单位全额贴息补助；对其他文化创意企业获得的贷款，经认定后，按实际发生利息额给予贷款单位50%的贴息补助。本条所定贴息比例均指市级单位，如区、县（市）所属单位，则由市和区、县（市）各承担50%贴息额。……（5）市文化创意产业专项资金每年安排一定的资金，委托相关国有资产投资公司为出资主体，认购相关协议金融机构发起的债权信托产品，按一定比例公开募集社会资金，放大财政性资金引导效应，为有债权融资需求的文化创意企业提供融资服务，融资企业的融资成本控制在9%以内。……（7）分类指导符合条件的文化创意企业改制上市，积极培育一批文化创意大企业大集团及上市企业。

续表

	文件名称	保障措施
杭州市	杭州市文化创意产业发展规划（2009—2015年）（杭州市文化创意产业办公室2013年5月20日）	3. 园区建设及土地政策。（1）积极鼓励盘活存量房地资源用于发展文化创意产业，对利用空余或闲置工业厂房、仓储用房等存量房地资源兴办文化创意产业，不涉及重新开发建设且无需转让房屋产权和土地使用权的园区，经市文化创意产业指导委员会确认并报市政府批准，属于符合国家规定、城市功能布局优化及有利于产业升级的，暂不征收原产权单位土地年租金或土地收益。（2）对利用依法取得的商业服务用途的国有划拨建设用地兴办文化创意产业，且无需转让房屋产权和土地使用权的园区，其土地用途和使用权人可不作改变，同时经市、区县（市）政府批准可暂缓实行有偿使用。（3）对老城区原有工业功能区改造为文化创意产业园区，不涉及重新开发建设且无需转让房屋产权和土地使用权的，土地用途和土地使用权类型可暂时保持不变。在以保护为主的前提下，允许产权人和使用人适度、合理地利用工业遗存、历史建筑及历史街区内的建筑，发展文化创意产业。（5）对园区内企业自主创新的文化产品、知识产品和服务实行优先采购，培养文化市场新的消费增长点。（6）鼓励园区争创国家、省级产业示范基地，凡被认定为国家、省级示范基地的，由市文化创意产业专项资金给予一定的配套奖励。……（8）鼓励文化创意产业园区建立专利技术产业化平台，在专利产业化项目及各类科技成果转化项目的安排上给予重点支持。鼓励专利服务机构与园区结对服务，加强对园区内的专利申请、专利纠纷、专利技术交易等相关服务工作。（9）鼓励园区与银行、担保机构、小额贷款公司等金融机构及创业投资基金合作，对为园区内文化创意企业提供融资服务的金融机构及创业投资机构，经认定后，可享受我市鼓励为文化创意企业提供融资服务的相关优惠政策。 4. 人才政策。一是加强培养；二是大力引进；三是营造氛围。大力支持网络、图书馆、公园绿化、咖啡吧、书店等方面的投入，为“无领者”的创业和成长提供“参与”与“体验”式的生活空间。鼓励建立中国艺术家艺术馆、美术馆、纪念馆群和艺术家村落，促进形成有利于创意产业发展的集聚效应。四是完善机制。 5. 知识产权保护政策。探索搭建知识产权交易平台，鼓励和规范知识产权评估等中介机构发展，不断促进知识产权可评价、可物化、可质押、可交易。抓好版权“五进”工作（版权服务进园区、软件正版化进企业、版权监管进市场、版权宣传进学校、版权顾问进单位），建立维权举报奖励机制，加大对版权的宣传和保护力度。
绍兴市	绍兴市文化产业“十二五”发展规划纲要（2012年7月12日）	（一）切实加强领导。 （二）完善政策保障。出台政策意见，加大对文化产业的扶持培育力度，大力吸引民间资本投资文化产业。强化土地保障，积极支持原有单位和个人利用老工业厂房、仓储用房、商业街区、民居等存量房产和土地资源新办文化企业。积极鼓励建设文化产业集聚区、文化创意基地和民办专题博物馆、艺术馆、收藏馆。加大招商引资，完善重大项目引进和服务机制，加快建设一批具有重大示范效应和产业拉动作用的文化产业项目。创新金融服务，建立“政企银”战略合作关系，搭建金融单位与文化企业的对接平台，缓解文化企业融资难问题。允许符合条件的文化企业通过发行企业债券投资先导性文化项目。鼓励有条件的文化企业直接上市融资。鼓励组建文化产业融资担保中介机构和知识产权评估机构。 （三）强化人才支撑。加大人才培养和引进力度，加强与国内一流文化艺术院校的战略合作，大力宣传推介城市品牌、文化企业品牌和文化产品品牌，提升城市知名度和竞争力。积极引导绍兴高等院校和职业学校加快建设文化产业重点专业和学科，加强院企合作，提升文化产业人才招生培养力度。完善激励机制，评选表彰文化产业优秀人才。建立文化人才库，加快文化人才集聚。 （四）促进文化消费。

续表

	文件名称	保障措施
宁波市	宁波市“十二五”时期文化产业发展规划（2011年7月5日）	十、文化人才支撑 （一）强化高层次文化人才培养。 （二）完善人才激励机制。 （三）加强基层文化队伍建设。 十一、文化发展政策 （一）政府投入政策。 （二）文化经济政策。 （三）金融支持政策。 （四）文化贸易政策。 十二、规划实施保障 （一）强化组织领导。 （二）强化项目支撑。 （三）强化机制保障。
舟山市	《舟山市文化产业发展规划》和《舟山市文化产业发展“十二五”规划》（2011-04-08）	（一）加强对文化产业发展的组织领导和综合协调。 （二）加大文化产业财政支持力度。设立市文化产业引导资金，启动阶段利用现有相关资金整合和财政新增安排的1 000万元，以后根据文化产业发展需要和财力可能逐步增加。县（区）也要设立文化产业专项资金。市级文化产业引导资金重点支持文化产业的发展规划、区域（园区、基地）规划设计、重大文化产业项目的谋划、重点骨干和特色优秀文化企业的扶持、特色文化产品的扶持等。市、县（区）在服务业引导资金、旅游发展资金、新农村建设资金等方面也要加大对文化产业项目的支持力度。 （三）加大对文化产业项目的招引力度。普陀山—朱家尖功能区、中国（舟山）海洋科学城核心区和普陀、定海的文化产业集聚区域，要加大对文化产业项目的招引力度，明确土地、税收、金融等的支持政策。 （四）加大税收优惠力度。依据《高新技术企业认定管理办法》和《高新技术企业认定管理工作指引》认定的高新技术文化企业，税按15%的税率征收企业所得税。对经认定的动漫企业自主开发、生产动漫产品，可申请享受国家现行鼓励软件产业发展的所得税优惠政策。自2012年1月1日至2016年12月31日，对年应纳税所得额低于6万元（含6万元）且符合条件的小型微利文化企业，其所得按50%计入应纳税所得额，按20%的税率缴纳企业所得税。…… （五）强化土地政策支持。对符合土地利用总体规划且列入市级重大产业项目的文化产业项目，优先予以用地保障。市级重点文化产业建设项目申请使用工业用地的，如符合市确定的优先发展产业目录且用地集约的，在确定土地出让底价时可按不低于所在地土地等别相对应的《全国工业用地出让最低价标准》的70%执行。对利用空余或闲置工业厂房、仓储用房等转型兴办文化产业，不涉及重新开发建设且无需转让房屋产权和土地使用权的，依法办理临时变更建筑用途审批手续后，土地用途和土地使用权类型可暂不变更。…… （六）加大金融支持力度。建立政府、银行、文化企业三方工作协调机制，推广政银企战略合作模式，引导银行等更多金融机构对市重大文化产业项目给予优先信贷支持…… （七）降低文化市场准入门槛。严格执行国家有关文化市场准入的法律、法规和政策，鼓励、支持和引导各类资本（含外商投资）进入文化产业领域。……

续表

	文件名称	保障措施
舟山市	《舟山市文化产业发展规划》和《舟山市文化产业发展“十二五”规划》（2011-04-08）	（八）加强文化产业人才培养和引进。建立文化产业人才的培养引进机制，将优秀文化产业人才培养和引进纳入我市人才工作规划和人才引进目录。鼓励市级宣传文化系统所属单位、各类文化企业引进和培育文艺创作、文化创意、文化产业经营管理、现代传媒、网络新技术、工艺美术、高端设计以及文化经纪人才。……
台州市	台州市文化产业发展规划（2010—2020年）（2011年10月28日）	一、创新管理体制和运行机制 （一）成立台州市文化产业领导小组。 （二）申报和创建“浙江省文化产业综合试验区”。 （三）成立文化产业协会或行业协会。 （四）充分利用中央和浙江省的扶持政策。 二、完善政策扶持体系 基于台州文化产业现状，构筑一个涵盖管理、金融、人才等领域的全方位的政策扶持体系，以保障台州文化产业规划的实施。 （一）制定涵盖财政、税收、土地、人才等方面的文化产业政策体系，注重政策的可操作性和兼容性，构建完善的文化产业政策保障体系。 （二）制定针对文化产业园区和重大文化产业项目的优惠政策。通过政策保障、项目资助等，支持园区发展特色产业和实施重大项目。鼓励有实力的文化企业兼并重组市内或市外文化企业。 （三）制定民营资本进入文化产业领域的优惠政策，放宽准入条件，降低准入门槛，放宽经营范围，激活创业主体。 （四）制定文化产业财政优惠政策，改进财政投入方式，采取建立文化产业发展专项基金、项目补贴、定向资助、贷款贴息和以奖代补等方法，不断提高财政资金的投入效益。 （五）创新文化产业税收政策，发挥市场和社会的作用，完善鼓励企业、个人投资文化产业的税收减免政策，吸纳更多社会资金投入文化产业领域。 三、创新投融资方式 （一）组建文化产业投资集团。 （二）以土地置换等办法筹集资金。 四、构建人才保障体系 围绕培养、引进、留人三个层面，坚持扩大总量与提高素质相结合、自主培养与引进开发相结合、突出重点与整体推进相结合、政府投入与社会投入相结合，构建人才保障体系，营造良好的用人环境，实施文化产业人才精英工程。 五、夯实文化产业长效发展的基础 （一）知识产权保护与交易。 （二）文化品牌塑造。 （三）组建综合性文化产业集群。 （四）城市文化形象塑造与推广。

续表

	文件名称	保障措施
温州市	温州市文化发展“十二五”规划（2011年10月30日）、温州市文化产业发展“十二五”（2011—2015）（2012年4月17日）《温州市文化创意产业规划编制（2015—2020年）》	一、加强组织领导，确保规划实施 二、落实文化政策，提高投入力度 认真落实中央、省颁布的各项文化经济政策，制定和实施《温州市关于促进文化产业发展的若干政策意见》《温州市公益性文化事业社会捐赠管理办法》等文化经济政策，从投融资、财政税收、工商登记、土地与价格和社会保障等方面制定扶持公益性文化事业、发展文化产业的相关政策。 加大政府文化事业投入力度。完善文化投入专项资金制度，建立财政投入稳定增长机制，力争做到财政投入的增幅高于本级财政经常性收入的增幅，“十二五”时期文化事业投入占财政支出比重高于“十一五”时期。扩大公共财政覆盖范围，重点加大财政投入向基层、农村特别是欠发达地区的倾斜力度，推进基本公共文化服务均等化。积极引导社会力量资助文化事业发展，鼓励企业或企业家通过冠名、建立基金、捐款捐物等形式参与公共文化设施建设。 健全文化产业发展扶持政策。以国务院“新36条”出台为契机，放宽文化投资领域和条件，允许非公有资本进入法律法规未禁止进入的文化产业领域。以温州民间资本投资服务中心为平台，鼓励各种风险投资基金、股权投资基金参与文化产业发展，促进文化与资本市场对接，建设文化产业与金融机构的战略合作机制。完善金融支持文化产业的政策，积极推进文化产业园区等集聚区建设，每年安排市财政2000万元作为温州市文化产业发展扶持资金，并落实税收优惠、投资融资、土地使用、人才培养与引进等方面的优惠政策，促进文化产业发展。 三、培养引进人才，加强队伍建设 温州全市文化系统内的管理干部职工总数778人、文艺专业技术人才总数347人（高级74人，中级141人，初级132人）、基层乡镇文化员总数788人。“十二五”要继续大力培养引进人才，加强文化队伍建设。健全人才引进体制。完善人才激励机制。加大人才培养力度。 四、创新体制机制，增强发展活力 五、强化服务监管，营造良好环境
浙江省	浙江省文化产业发展规划（2010—2015）（2011年1月7日）	（一）强化组织领导。 （二）降低产业准入门槛。积极吸收社会资本进入文化创意、影视制作、演艺娱乐、动漫、印刷、出版物分销等领域，鼓励非公有资本参与国有文化单位的转企改制和股份制改造，逐步形成多种所有制共同发展的文化产业格局。 （三）加大财政投入力度。进一步整合扩大文化产业专项资金规模，不断完善专项资金的使用管理办法，重点支持重大文化产业项目、企业和基地建设，支持文化领域新产品、新技术的研发，支持大宗文化产品和服务出口。合理整合文化产业相关领域的财政扶持资金，进一步发挥财政投入的引导和统筹效应，通过财政对文化产业的战略投资，带动社会投资，推动民企合作，完善金融资本市场。 （四）落实税收优惠政策。 （五）加强生产要素保障。加大对文化产业重点项目的用地支持力度，规划确定的重点文化产业基地、重大文化产业项目以及优势文化企业的用地空间位置、规模等信息，应尽量纳入市、县、乡三级新一轮土地利用总体规划的“允许建设区”或“有条件建设区”范围，确保文化项目建设“落地”或预留发展空间。 （六）建立健全投融资体系。

资料来源：根据浙江滨海七市及浙江省政府网站发布的相关规划文本摘编与整理。

（三）滨海市海洋文化创意产业园建设基础的差异

综合单要素分析与全要素评价，发现浙江省滨海七市海洋文化创意产业园建设的基础存在如下差异。

1. 文化资源方面

杭州、绍兴、宁波、嘉兴拥有悠久的历史和深厚的文化积淀，均已获“国家历史文化名城”称号。温州、舟山、台州的历史文化资源虽不及上述地区丰富，却依旧独具特色。

2. 人才条件方面

浙江省滨海七市均有高等院校为其文化创意产业提供人才支撑，但地区差异大。杭州不论是创意专业人才还是人才数量均位居浙江第一；宁波的人才数量仅次于杭州，但专业人才不足；舟山、台州和温州，高校在校生人数少，人才资源缺乏。

3. 政策扶持方面

杭州和宁波市政府对文化创意产业的政策支持力度最大，舟山、台州的政策支持力度不足，这主要源于滨海市本级财政薄弱等原因。

4. 其他方面

对于杭州、宁波、温州、绍兴和台州而言，雄厚的民间资本和扎实的产业基础为其发展海洋文化创意产业奠定扎实的经济基础；杭州、舟山具有良好或独特的生态环境优势；而嘉兴和舟山的优越区位条件，为其海洋文化创意产业发展提供极大的便利。

三、浙江滨海市发展海洋文化创意产业园的 SWOT-PEST 分析

浙江滨海市建设海洋文化创意产业园，既有较好的产业发展基础，又面临着市场不确定、资源转化难、风险投资匮乏等众多威胁与挑战，为此运用 SWOT-PEST 分析法识别浙江滨海市建设海洋文化创意产业园的自身优势与劣势、判别机会与威胁。

（一）SWOT-PEST 方法简述及其应用领域

SWOT-PEST 分析方法中 SWOT 分别是：Strength（优势）、Weakness（劣势）、Opportunity（机会）、Threat（威胁）；PEST 分别是：Political（政治的）、Economical（经济的）、Social（社会的）、Technical（技术的）。SWOT-PEST 分析法一般从内部因素（优势和劣势）和外部环境（机会和威胁）两个方面进行分析，每一个单项又可根据不同的分析对象从政治、经济、社会和技术等角度进行具体分析，然后将以上内容

在矩阵中列出，出现 4 个交叉点，这 4 个交叉点就是所需得到的 4 种策略。

1. PEST 分析

对外部不可控因素的对比分析是为了把握有利时机，规避风险，提升企业的快速应变能力和企业的创新变革和可持续发展能力。PEST 分析是战略外部环境分析的基本工具，用于分析企业所处宏观环境对于战略的影响。 PEST 分析是指宏观环境的分析，在分析一个产业或企业所处背景的时候，通常通过这四个因素来进行分析产业或企业所面临的状况。①政治法律环境。政治环境主要包括政治制度与体制，政局，政府的态度等；法律环境主要包括政府制定的法律、法规；②经济环境。构成经济环境的关键战略要素：GDP、利率水平、财政货币政策、通货膨胀、失业率水平、居民可支配收入水平、汇率、能源供给成本、市场机制、市场需求等；③社会文化环境。影响最大的是人口环境和文化背景。人口环境主要包括人口规模、年龄结构、人口分布、种族结构以及收入分布等因素；④技术环境不仅包括发明，而且还包括与企业市场有关的新技术、新工艺、新材料的出现和发展趋势以及应用背景（图 3-1）。

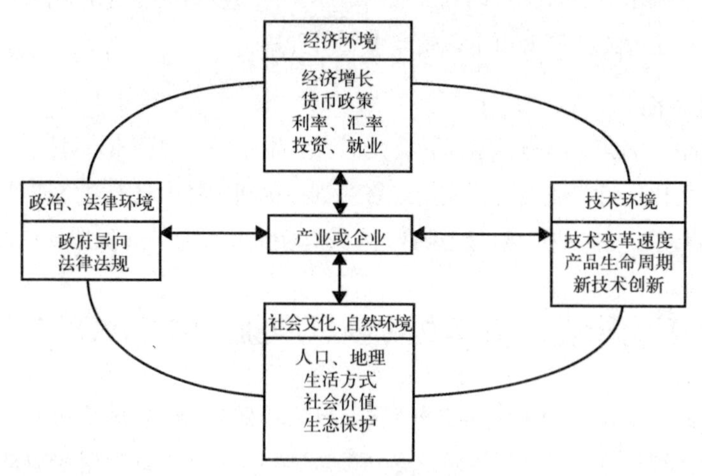

图 3-1　PEST 分析模型

2. SWOT 分析

SWOT（Strengths Weaknesses Opportunities Threats）分析是战略规划的典型分析方法，最早是由美国旧金山大学的管理学教授在 20 世纪 80 年代初提出来的，其研究基础是波特提出的波特模型。其核心内容是分析企业或产业内部资源的优势（Strengths）与劣势（Weaknesses），寻找影响企业或产业战略的重要环境机遇（Opportunities）与威胁（Threats），以便在战略制定中对企业或产业的优势、劣势与环境中的机会与威胁进行配对分析，形成应对环境的战略设想并进行持久竞争优势检验，最后形成企业或产业战略。SWOT 分析是一种环境-组织分析模式，就是对企业或产业内部环境的实力（STRENGTHS）和弱点（WEAKNESS），外部环境中的机会（OPPORTUNITIES）和威胁（THREATS）进行综合分析，从而使企业或产业在分析现行战略的基础上，抓住机会，扬长避短，确定适合企业或产业发展环境的战略（表 3-6）。

表 3-6　SWOT 分析的四种备选方案

	优势 S	劣势 W
机会 O	SO	WO
威胁 T	ST	WT

（二）滨海市发展海洋文化创意产业园的 swot-pest 分析

利用 SWOT-PEST 分析方法对浙江滨海市发展海洋文化创意产业园的优劣势、挑战、机遇逐一综合分析，并征求相关文化创意产业与城市发展领域的专家意见，分别将优劣势归为海洋文化资源丰度与利用难度、现有文化创意产业园的规模与产业链、在长三角所处区位及其城市内文化创意产业发展的商业秩序与氛围、已有园区的影响力、园区内创意企业的集群水平及其结构、地方政府塑造海洋文化创意产业园的意愿等；挑战归为众多园区中海洋文化产业地理集中度、政府干预与自我发展能力、创意人才数量与结构、市域及周边园区趋同化、市场需求；机遇归为国家省政府非常期待海洋文化资源转化为现实生产力、地方政府保护开发海洋文化资源的意识与投入强度、建设海洋文化创意产业园助推地方产业遗产再生与街区形象提升、中国民众旅游与日常消费的海洋意识觉醒等，并邀请专家对 8 市创建海洋文化创意产业园的 SWOT 进行研讨，得如表 3-7 的结论。表 3-7 显示，发展海洋文化创意产业园的各滨海市中，宁波、舟山、温州综合评价位居前三，嘉兴、台州位居中间，而杭州、绍兴虽然相关产业基础雄厚，但是海洋文化资源较匮乏，且政府对文化创意产业的主导发展意愿不在海洋文化产业的诸多行业，为此杭州、绍兴发展海洋文化创意产业园综合支撑条件较差。

表 3-7　浙江滨海七市发展海洋文化创意产业园的 SWOT-PEST 分析

		嘉兴市	杭州市	绍兴市	宁波市	舟山市	台州市	温州市
优势与劣势	海洋文化资源丰度与利用难度	丰度居中、难度较高	丰度最小、难度较小	丰度居中、难度较大	丰度位列前三、难度较小	丰度位列第一、难度较大	丰度居中、难度较大	丰度位列前三、难度较小
	文化创意园区规模与产业链	一般	好	较差	较好	差	较差	较好

续表

		嘉兴市	杭州市	绍兴市	宁波市	舟山市	台州市	温州市
优势与劣势	区位与商业秩序、商业氛围	一般	好	一般	好	较好	较差	较差
	园区影响力	差	好	差	一般	差	一般	一般
	园内企业群的构成结构	差	好	差	一般	差	差	一般
	园内企业的市场占有能力	差	好	差	一般	一般	差	一般
	地方政府塑造海洋文化创意产业园的意愿与投入强度	弱	非常弱	非常弱	强	非常强	一般	一般
挑战	众多园区中海洋文化产业地理集中度	一般	一般	差	一般	高	差	一般
	政府干预与自我发展能力	强、弱	弱、强	强、弱	强、一般	强、弱	强、弱	弱、一般
	创意人才数量与结构	较差	好	一般	较好	差	较差	一般
	市域及周边园区趋同化	严重	严重	一般	弱	弱	弱	弱
	市场需求	高	高	高	高	一般	一般	高
机遇	国家、省政府非常期待海洋文化资源转化为现实生产力	高	一般	一般	高	高	一般	一般
	地方政府保护开发海洋文化资源的意识与投入强度	一般	高	一般	高	高	一般	一般
	建设海洋文化创意产业园助推地方产业遗产再生与街区形象提升	成效一般	成效显著	成效一般	成效显著	成效较差	成效一般	成效显著
	中国民众旅游与日常消费的海洋意识觉醒	利用较好	利用较低	利用较低	利用较好	利用最好	利用较低	利用较好

（三）浙江滨海市发展海洋文化创意产业园的可能方向与模式

浙江滨海市海洋文化资源丰度各异，已有文化创意产业园的发展水平与特色存在较大差距，相关政府部门对推进海洋文化创意产业园的力度各异，为此，综合浙江省文化创意产业发展规划、浙江海洋经济发展示范区规划、各市文化产业规划或创意产业规划对相关市海洋文化创意产业发展的要求，提出各市海洋文化创意产业园建设的重点行业、主要方向与可行模式列于表 3-8。总体而言，浙江滨海旅游业是海洋文化创意产业园的主要类型；其次是富有地方特色的影视制作和影视文化旅游业，如桃花岛、象山、海宁等地；第三是滨海海洋文化制造业的设计研发服务，如各市中心城区围绕海洋装备制造业进行的技术研发以及现有加工制造业转型发展过程中所需要的设计服务业等；第四是富有地方特色的海洋文化节庆会展集聚区，如开渔节、沙雕节、海洋美食节等节庆展会活动。

表 3-8 浙江滨海市海洋文化创意产业园建设的重点与定位

城 市	名 称	地理位置与规模	发展重点和定位
嘉兴	中国武侠影视文化产业基地	以桐乡、海宁为核心，承接文化产业转移，或文化产业部分要素转移，在海宁百里钱塘国际旅游长廊优先发展区，利用盐官古城、金庸书院、安澜园、中丝生态园等武侠影视资源，引进国内外著名影视机构开发建设依托乌镇、盐官等资源，如以海宁皮革城与华策影视合作、金庸题材、动漫、武打等项目为突破，建设影视动漫基地	影视动漫基地与滨海观潮度假休闲
	沿杭州湾休闲度假与工业设计基地	以平湖、海盐为核心，依托九龙山景区、南北湖、秦山核电站等沿杭州湾北岸风光资源，发展高端文化休闲旅游地产、文化娱乐餐饮、民俗旅游、影视产业、文化中介服务、文化演艺、体育服务业，打造影视拍摄和旅游基地。依托服装、箱包产业，发展工业设计、玩具产业工业设计中心	滨海休闲度假与工业设计、玩具设计基地
杭州	杭州海洋科技研发基地	以分布于杭州市主城区的国家海洋局第二海洋研究所、杭州应用声学研究所、浙江大学、浙江工业大学等科研院所、高等院校以及省级以上重点实验室、试验基地等为依托，联动发展富阳特色船艇研发制造区块、临安青山湖科技城海洋科技及涉海装备制造区块、上城区电子机械功能区水下装备（水下机器人）研发制造点、钱江经济开发区船用装备和风电制造点、杭州未来科技城（海创园）海洋工程设备研发及制造点、远洋水产品综合加工区块和淳安千岛湖高端海洋声学装备制造与试验场等，总涉及范围 30.725 平方千米	基本建成我国重要的海洋勘探开发科研基地、国内最大的海洋声学仪器供应基地、国家级深海取样装备研制基地。涉海装备制造产业竞争力进一步增强，销售产值力争达到 200 亿元，水声探测仪器设备制造达到国内领先、国际先进水平，水下装备逐步在相关应用领域取代进口产品。高端运动赛艇与游艇制造全球知名，高端运动赛艇与游艇制造综合竞争力大幅提升，开发 10 款以上获得国际认证和知名奖项的新型游艇，特色船艇关键部件本土化取得重要突破，形成全球知名的中高端游艇企业和品牌

续表

城　市	名　称	地理位置与规模	发展重点和定位
杭州	杭州海水淡化技术与装备制造基地	以钱江经济开发区海水淡化装备制造区块和西湖区海水淡化技术研发中心区块为主体，以临江高新技术产业园海水淡化和综合利用设备制造区块为补充，总涉及范围2.534平方千米	膜法海水淡化的技术研发、装备制造和工程设计建设等在全国的领先地位进一步提升，全面建成国内领先、国际一流的国家级海水淡化和水处理产业发展支撑平台，成为国内技术力量最强、产品种类最多、服务功能最全、经营规模最大的国家级海水淡化产业基地，建成国家级海水淡化技术装备制造基地
	环西湖文化创意产业圈	充分发挥环西湖区块的文化、景观、科技与人才等优势，以西湖为中心，重点建设西湖创意谷和西湖数字娱乐产业园等	重点发展设计服务、数字娱乐、时尚消费、信息软件等产业，建成文化生产力高度集聚的全国知名文化创意集聚区和示范区
	运河天地文化创意园	位于拱墅区拱宸桥桥西，原大河造船厂等工业建筑和历史民居改造	培育文化艺术、建筑景观设计及广告设计等文化创意产业
绍兴	滨海新城文化创意生态园	充分利用大桥优势和土地资源优势，大力引进创意设计、娱乐休闲、观光游览、动漫游戏、旅游体验等文化企业和产业，打造长三角重要的文化产业集聚区和体验区	以发展文化旅游、工业创意设计、创意农业、文化休闲业为主，打造成为“文化休闲旅游基地、创意农业示范基地和工业创意服务基地”
宁波	宁波和丰创意广场	位于江东区城区，原有工业建筑改造，总投资113 000万元，建筑面积15万平方米，工业产品设计、时尚创意等	完善产品展示、信息服务、技术服务、培训教育、国际交流、融资担保等
	宁波影视文化产业区	长三角重要滨海影视生态休闲区、长三角新兴婚纱婚庆拍摄基地	影视文化产业与影视旅游景区
	创e慧谷	位于宁波镇海新城宁波大学科技园内，占地面积9.3公顷，规划建筑面积12万平方米	以软件设计、工业设计、动漫游戏、建筑设计、工艺美术等为发展重点，成为宁波市面向全国的文化创意产业先行地
	石浦开渔节	中国象山石浦镇开渔节	中国象山开渔节
舟山	船舶设计基地	舟山软件产业园区内	重点发展船舶设计、船舶制造自动化与控制自动化软件设计和船模制作，成为国际性船舶研发、制造中心
	舟山海洋文化旅游集聚区	拥有普陀山、嵊泗列岛两个国家级风景名胜区和岱山、桃花岛两个省级风景名胜区以及朱家尖、舟山群岛中国海洋文化节、中国舟山国际沙雕节、中国普陀山南海观音文化节等节庆活动	海洋文化旅游与海洋节庆会展的高地

续表

城　市	名　称	地理位置与规模	发展重点和定位
舟山	普陀（鲁家峙）海洋文化创意产业园	舟山沈家门渔港，集海洋旅游、海洋文化、海钓帆船游艇运动产业园于一体，定位为“景区级标准泛游艇类综合性产业园区”，规划用地近20公顷，海岸线长1500多米	船艇布展、销售、俱乐部服务、钓具钓饵等各类海洋休闲运动的配套设施、服务企业以及酒店、海洋主题餐厅、休闲中心等生活服务企业，打造以海洋休闲运动产业为特色的高端商务区，集聚国际著名的海洋休闲运动品牌的中国或亚太总部
舟山	桃花岛海洋影视文化产业园	以桃花影视城为龙头的影视文化产业园	以发展影视文化为产业主导，以影视艺术展示和传播为核心产品，并集会展服务、影视体验、旅游度假、休闲娱乐为一体的运营管理模式，按照品牌化、人本化、国际化的要求，建设以桃花影视城为龙头的影视文化产业园
台州	滨海文化旅游带	加大对本地山海文化、海防文化、民俗文化等资源挖掘、保护与利用的力度，加强历史资源的开发与利用，创新展示方式和表现手法，利用现代传媒技术包装提升文化品位，扩大市场影响力和美誉度。 加强浙东“曙光游”、三门核电游与温岭钱江摩托游和潮汐发电游、长屿硐天与大有空明硐天游、椒江海防文化游、玉环大鹿岛海上森林公园和鸡山岛渔民体验游等亮点设计，形成自然风景游、宗教文化游和休闲度假游等定位明晰的旅游组合产品。 重点抓好国清寺、江南长城、紫阳古街、临海桃渚军事古城、夏汤遗址、石头禅院、路桥十里长街、章安历史文化街、玉环三合潭遗址等历史资源的保护和开发利用和天台山文化非遗申报工作，将发掘、保护和开发有机结合起来	统筹全市旅游资源，建立新型文化旅游产业体系，以旅游扩大文化的传播和消费，打造有台州特色的文化旅游品牌，对当地文化旅游工艺品和大型文化表演项目进行深度开发，大力发展创意农业，加快仙居等地的影视外景基地建设，进一步带动台州文化旅游业的发展
台州	文化会展集聚区	办好中国（路桥）民营经济论坛、中国网络音乐节、天台山宗教文化节、中国（玉环）模具机床展、国际（黄岩）电动自行车博览会、三门市中国青蟹节、仙居杨梅节、中国工人量具博览会、玉环家具交易博览会、黄岩柑橘节等重大会展。 支持天台山宗教博物馆、玉环家具博物馆和雕刻工艺品博物馆、黄岩博物馆、浙江启明文物艺术博物馆、黄伯明艺术史学馆的建设；在全市范围内形成具有台州特色的博物馆群落	依托台州已有会展设施，借鉴路桥会展中心的运营模式，延续中国塑料交易会的“金手指”品牌精神，发展各类综合或专业文化会展活动，重点发展专业化、特色化节庆会展活动

续表

城　　市	名　　称	地理位置与规模	发展重点和定位
台州	工艺美术品集聚区	提升传统工艺美术品的品位和规模。积极做好产业发展指导工作，引导企业走创新之路，不断提升“一绣三雕”（台绣、玻雕、竹木雕、石雕）以及天台佛雕、仙居无骨花灯、三门石窗、温岭剪纸、大奏鼓、‘玉环三绝’（贝雕、根雕、岩雕）、门神画和船模等传统工艺美术品的艺术价值和经济效益	进一步繁荣台州工艺美术品市场，为城市发展注入活力，引导和鼓励民营资本参与工艺美术品业，鼓励体制内或民间工艺美术作者的创意和探索，并给予特殊政策扶持
	玻璃雕刻工艺产业基地	位于台州经济开发区，建筑面积5万平方米	依托台州职业技术学院（艺术学院）和台州工艺美术馆，开展人才培养、工艺传承、成果转化等工作，成为中国一流的玻璃雕刻艺术产业化基地
温州	温州学院路7号创意产业园	位于温州学院路，原温州冶金厂废弃厂房改造，首期建筑面积6 000多平方米	发展工业设计、广告设计、建筑设计、服装设计、动漫游戏、影视文化、出版发行、艺术品创作和展示等文化创意产业，成为温州 LOFT 发展的起源地
	文化会展业	举办多个全国性展会，比如温州国际时尚文博会、中国（温州）国际时装周、中国文化用品与玩具博览会、温州美食博览展、世界温商温侨文创产业项目展等	举办世界温商温侨文创产业项目展
	滨海轻工业研发设计集聚区	依托温州轻工业密集的乐清、龙湾、瑞安、平阳、苍南等沿海城镇，发展设计服务业	设计服务业将重点围绕温州轻工产业，大力推进时尚品网络营销渠道建设，拓展教具玩具、礼品、电子产品等时尚领域

第二节　浙江海洋文化创意产业园的现状与问题

海洋文化产业包括众多行业，能够集聚并形成园区的海洋文化产业非常少，在浙江主要有滨海旅游景区为依托的海洋旅游集聚区，人工建造影视剧场景的海洋影视基地，依托地方居民在海洋渔业生产过程特定的民俗形成的开渔节海洋民俗与渔村、渔民画及妈祖信仰等，依托中心城镇或历史街区的海洋港口码头、海洋美食等。为此本节重点阐述浙江滨海旅游业、海洋影视业、海洋民俗、海洋美食等产业的园区现状与存在的问题。

一、浙江主要海洋文化产业的空间集聚与分布特征

（一）海洋旅游资源空间分布与海洋旅游业空间集聚

1. 浙江海洋旅游资源的空间分布

截至 2012 年年底，浙江省拥有 4A 级以上高等级旅游景区 143 家，其中 5A 级景区 10 家，4A 级景区 133 家，高等级景区数量居全国第二位。省级以上旅游度假区达到 25 家，发展培育了 55 个省级非物质文化遗产旅游景区和景点、40 个省级以上工业旅游示范点和示范基地、35 条四季鲜果采摘游精品线路等新型旅游产品。《浙江省旅游资源普查报告 2004》显示浙江省拥有的旅游资源单体（不含未获等级旅游资源）共 21 126 个，旅游资源总储量为 51 970 个，其中人文旅游资源的储量为 34 283 个，占总储量的 65.97%；自然旅游资源的储量为 17 687 个，占总储量的 34.33%。总体而言，浙江省旅游资源富集在杭州、嘉兴、宁波、舟山、丽水等地，若根据浙江省各市地貌类型和旅游资源分布组合程度可将浙江省分为三个旅游地带（表 3-9），分别是①杭州、嘉兴、湖州、金华和衢州；②宁波、绍兴、舟山；③温州、丽水、台州。若论滨海地区旅游资源，则可依据地理位置、资源分布和区域经济联系等分为杭州湾、甬舟、温台三大海洋旅游区（图 3-2）。

表 3-9　浙江省旅游地带

市	区　位	旅游资源特点
①杭州、嘉兴、湖州、金华、衢州	纵贯浙东北和浙西南	人文景观资源异常丰富
②宁波、绍兴、舟山	宁绍平原、杭州湾南岸	人文旅游资源云集且与自然资源配置协调
③温州、丽水、台州	浙南丘陵山区和沿海平原	以众多名山奇景构成最主要的游览景观，以自然旅游资源为主

（1）杭州湾海洋旅游区包括杭州湾以北的嘉兴滨海地区和杭州湾以南的绍兴滨海地区以及杭州的临杭州湾地区。钱江观潮、嘉兴平湖九龙山海滨、海宁盐官镇、杭州湾大桥滨海区等资源集合区是该海洋旅游区发展的重要资源依托。

（2）甬舟海洋旅游区包括宁波、舟山两市的陆域和海域，其中宁波是全省旅游副中心城市；舟山拥有我国最大的群岛，是全国唯一的海上地级城市；另有嵊泗、岱山、石浦等重要海岛城镇作为依托。普陀山国家级风景名胜区、嵊泗国家级风景名胜区、桃花岛省级风景名胜区、象山石浦中国开渔节等资源集合区是该海洋旅游区发展的重要资源依托。

（3）温台海洋旅游区包括温州、台州两市的沿海陆域和临近海域。南麂列岛、洞头列岛、一江山岛、大陈岛、大鹿岛等资源集合区是该海洋旅游区发展的重要资源依托。各区规模、等级以上的旅游资源单体数量详见表 3-10。

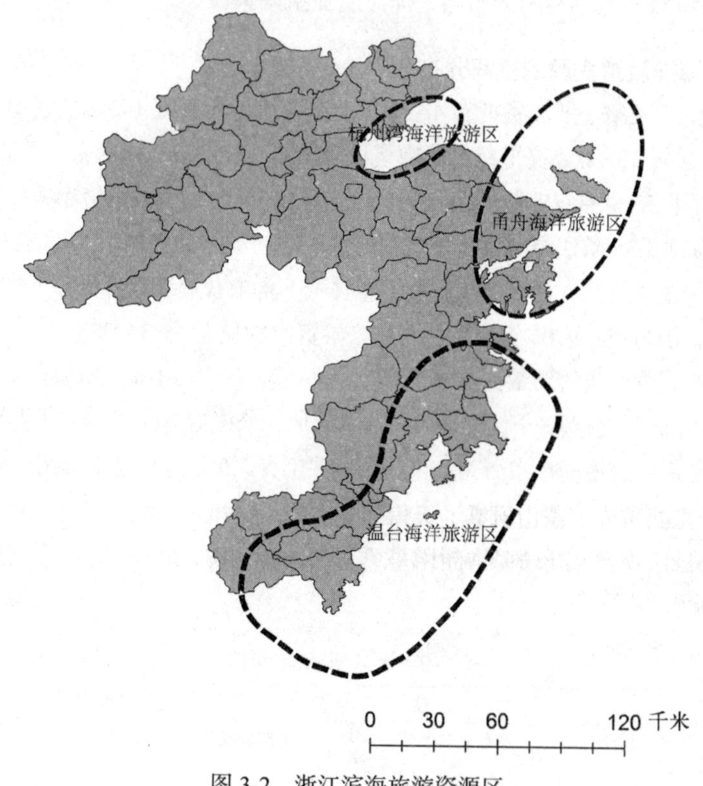

图 3-2　浙江滨海旅游资源区

表 3-10　浙江滨海海洋旅游资源区基本概况

海洋旅游资源区	主要依托城镇	旅游资源单体总数	优良级/特品级资源单体数	重要旅游资源
环杭州湾区	杭州市、海宁、海盐、平湖、柯桥区、上虞区	1 509	295/21	钱江观潮城、平湖九龙山海滨、海宁盐官镇、杭州湾大桥等
甬舟区	余姚、慈溪、镇海、象山、宁海、奉化、舟山、嵊泗、岱山、石浦等	2 925	609/44	普陀山、嵊泗列岛、桃花岛、岱山岛、朱家尖等
温台区	温州市、洞头、平阳、椒江、温岭石塘、临海、三门、玉环	3 390	631/27	洞头列岛、一江山岛、蛇盘岛、大陈岛、大鹿岛、南麂列岛等

2. 浙江海洋旅游业空间集聚及其典型园区——普陀山—朱家尖旅游集聚区

根据近年滨海市主要旅游景区接待人口数和旅游收入，发现浙江滨海旅游景区都集聚了较多游客，但其中以舟山普陀山、桃花岛、朱家尖；海宁盐官观潮；宁波象山中国渔村、石浦渔港古城、象山影视城；温州洞头景区为最。其他景区是台州海洋世界、大鹿岛景区、漩门湾农业观光园、临海市江南长城、温岭市长屿洞天、三门市蛇蟠岛。它们之中，业已形成旅游集聚区的是舟山普陀山—朱家尖景区、象山石浦渔港古城与中国渔村景区。

舟山普陀山—朱家尖旅游集聚区，国家级风景名胜区普陀山位于普陀区东海舟山群岛中的一个小岛上，南北狭长，面积约 12.5 平方千米，与九华山、峨眉山、五台山并称“中国佛教四大名山”。普陀山景区三寺：普济禅寺（前寺）、法雨禅寺（后寺）、慧济禅寺（佛顶山寺）并称为普陀山三大禅寺，架构着普陀山观音道场。普陀山三宝，亦称佛国三宝：指九龙藻井、杨枝观音碑、多宝塔（太子塔）。普陀山三石：磐陀石、心字石、二龟听法石。普陀山三洞:朝阳洞、潮音洞和梵音洞。普陀山十二景：莲洋午渡、短姑圣迹、梅湾春晓、磐陀夕照、莲池夜月、法华灵洞、古洞潮音、朝阳涌日、千步金沙、光熙雪弄、茶山夙雾、天门清梵。

普陀山景区观音文化节是普陀山最盛大的旅游节庆，始创于 2003 年，每年举办一届，迄今已经成功举办 7 届；是以海天佛国深厚的观音文化底蕴为依托，以弘扬观音文化、提升名山文化品位为口碑的佛教旅游盛会。普陀山之春旅游节是融群众娱乐、游客参与为一体的互动性大型旅游娱乐文化活动。于 1990 年首创，每年举办一届。三大观音香会：每年农历二月十九、六月十九、九月十九，是普陀山观音三大香会期，相传这三天分别为观音诞辰日、观音得道日、观音出家日。此外，还有每年习俗的清明节、端午节、中秋节、元宵节、春节、重阳节等。

朱家尖岛旅游度假地位于浙江省舟山本岛东南海洋上，全岛陆域总面积 72 平方千米，海域面积 45 平方千米，是舟山群岛 670 余个岛屿中的第五大岛，辖 1 镇 29 个行政村（含一个福兴居委会），总人口 2.68 万人，人口密度 373 人/平方千米。朱家尖岛具有丰富的旅游度假资源，其类型可以分为 7 类：①自然旅游资源，如乌石塘、白山、十里金沙、大青山四大著名景区；②海岛民俗风情旅游资源，如神秘的灯饰、服饰、请龙王、新船下海、庙会、奇特的婚嫁礼俗、锣鼓和灯会等文化习俗；③奇特的海蚀景观旅游资源，如礁石长廊、情人岛的龙洞与褐龙侯朱、青山的喷水洞、西峰岛的海蚀洞礁、里沙的鸳鸯礁等；④海洋渔、盐旅游资源；⑤海洋体育竞技旅游资源；⑥海洋美食旅游资源；⑦海岛生态旅游资源。朱家尖岛旅游度假地的旅游资源具有“全、特、精、优、便”等五大特色。

在普陀山佛教信仰朝圣旅游过程中，普陀山旅游事业发展迅猛，一是普陀山景区旅游人数逐年增加。2006年普陀山旅游人数286.61万人次，2007年达320.33万人次，2010年突达478.43万人次，2014年625.56万人次；二是普陀山景区旅游收入明显增加。2006年普陀山旅游收入18.44亿元，2007年达21.39亿元，2010年26.81亿元，2014年达44.43亿元；三是普陀山景区旅游具有旺季和淡季。年度普陀山景区月平均旅游人数及其月比例均值，每年的3-5月份、7-8月份和10月份为普陀山景区的旺季。

朱家尖岛客源市场具有：①华东旅游客源市场是朱家尖岛旅游业的主体市场，1992-1997年累计统计发现华东旅游者占接待总人数的95%以上。2003年接待游客117.13万人次，2007年165.36万人次，2010年309.52万人次，2013年达427.8万人次。②旅游收入在2003年为5亿元，2007年为7.4亿元，2010年为13.6亿元，2014年为近15亿元。

纵观朱家尖、普陀山的旅游业发展历程可知，朱家尖最初作为普陀山的游客集散枢纽和游客轮渡等候区之一，创建沙雕节与沙雕比赛等旅游产品，积极拓展自身旅游资源的利用效率，降低了其作为普陀山游客过境或短暂停留的功能，日益成长为普陀山旅游集聚区的新品牌和亮点。

（二）影视基地建设与海洋影视基地分布

浙江作为文化产业大省，其影视产业的发展处于全国领先地位，是《浙江省文化产业发展规划（2010—2015）》所规划的八大重点文化产业之一。全省现有影视制作机构700多家，总注册资金超过79亿元，稳居全国第2位，其中注册资金在1 000万元以上的影视机构有172家，涌现出了浙江影视（集团）公司、华策影视、长城影视、中南卡通等一批具有较强实力和竞争力的影视企业。截至2012年浙江共生产出电视剧75部2 803集，产量全国第二；电影40部，位列全国第四；电视动画片46部25 375分钟，产量全国第三。

在影视基地方面，浙江全省有各类影视基地20多个，处于全国领先地位，影视产业集聚优势日益显现，要素资源集群和规模化效应全国领先。“横店影视产业实验区”是当前国内规模最大、功能最全、产业链最完善的国家级影视制作基地；象山影视基地是省内仅次于横店的国家级影视拍摄基地；西溪文化创意园集中了浙江影视（集团）公司、华策影视等一批具有较强原创实力的影视企业，年产影视剧达千集以上；杭州高新区国家动画产业基地在影视动画原创方面已连续4年居全国动画产业基地之首。苏勇军指出浙江海洋影视基地主要集中在舟山、宁波、温州三市，就浙江海洋影视剧生产现状而言，三市仅承担剧场拍摄服务功能，尚无法与杭州或毗邻上海的嘉兴在海洋影视风投方面具有的影视风投公司或剧情创作公司所有具有的优势[①]。

1. 宁波海洋影视基地

宁波象山影视城始建于 2003 年 5 月，位于浙江中部沿海，影视城坐落于风景秀丽的新桥镇大塘港生态旅游区，由神雕侠侣城和春秋战国城组成，总占地面积约 73 公顷，是全国单体建筑最大的影视城——象山影视城拥有的场景和题材十分丰富，远可拍春秋、秦汉、唐宋，近可摄明清，拥有全国最大的人造榕树林，拥有最完善的以春秋战国为时代背景的影视拍摄基地，是浙江除横店影视基地以外最著名的影视基地。自成立以来，象山影视城相继拍摄了《神雕侠侣》、《水浒传》《西游记》《画皮》《赵氏孤儿》等一系列影视作品。

截至目前象山影视城已接待国内外游客 300 多万人次，获得“国家 AAAA 级旅游景区”称号。由于自身的不懈努力，象山影视城相继得到了上级政府部门、媒体等给予的肯定。2006 年经专家现场实地考察，被中国影视旅游产业发展高峰论坛组委会评为中国十大影视基地，同时，被《浙江日报》公众推选活动组委会评为“2006 长三角双休日旅游休闲热点景区”；2007 年评为“中国魅力景区”“浙江省影视拍摄基地”“长三角双休日旅游休闲热点景区”“最具发展潜力影视拍摄基地”；2008 年被评为“宁波市文化示范基地”等荣誉称号；2009 年被评为“全国影视指定拍摄基地”等。

2013 年，象山影视城与浙江广电集团合作成立宁波影视文化产业区，推动象山影视文化产业的发展。随着象山影视城的不断发展，其品牌知名度也日益提高。如何充分利用特色资源，实现差异化发展，是象山影视城进一步发展需要解决的问题。象山影视城区别于横店影视基地的最大特色在于其靠近海洋，拥有可利用的海洋资源，充分依托海洋资源优势，发展海洋影视基地，实现差异化发展，成为浙江影视产业的副中心，是其转型升级的可选路径。

2. 舟山海洋影视基地

舟山群岛新区位于东海之滨，拥有天然深水良港，海路交通便利，地理区位优势明显。舟山素有“海天佛国，渔都港城”的美誉。舟山不仅拥有独特的海岛风光，宝贵的普陀山佛教观音文化，还拥有传统的鱼乡民俗文化与深厚的历史文化积淀，是发展海洋影视基地的绝佳选择。《浙江省文化产业发展规划（2010—2015）》将舟山设定为海洋文化创意特色中心，重点引导文化创意、文化旅游、沙滩运动、影视服务等行业。

---

① 苏勇军. 海洋影视业:浙江海洋文化与产业融合发展. 浙江社会科学，2011（4）：95-99.

舟山的桃花岛射雕影视城是浙江唯一的海岛影视拍摄基地，是浙江集影视拍摄、旅游、休闲、娱乐为一体的著名风景点，占地 2.5 平方千米。影视城是随着内地版《射雕英雄传》的开拍于 2001 年建立起来的武侠影视拍摄基地，射雕影视城整体建筑充满宋代风格且艺术精湛，巧妙结合了山、岩、洞、水、林自然景观，并以其天然唯美的海域风情吸引着各大剧组的到来。射雕影视城继成为《笑傲江湖》《天龙八部》《射雕英雄传》《东极拯救》等影视剧外景地之后，又成为“浙江省影视拍摄基地”。在 2007 年第十届上海国际电影节上，舟山又成为电影节唯一指定旅游城市，当年的旅游收入超过 2.2 亿元，增加了舟山在国内的知名度。

此外，东沙古镇是舟山市三个传统渔都古镇（定海、沈家门/东沙）中唯一整体风貌保存完好的古镇，是海洋文化的瑰宝。舟山市预计在东沙古镇建设海洋文化采风写作与海岛影视拍摄基地，以传统的渔乡风情为特色，进而打响“中国唯一的海岛古渔镇品牌”。2014 年 8 月 11 日，因韩寒的电影《后会无期》取景东极岛，舟山市东极岛一夜爆红。

总体来看，舟山的海洋影视基地以海岛旅游与外景拍摄为主要特色，对自然资源的依赖程度较大，属于传统的影视基地发展道路。如何在利用自然资源的基础上，转变产业发展方式，延伸产业链，实现产业结构优化升级是舟山海洋影视产业下一步需要考虑的重点问题。

3. 台州影视基地

台州海洋影视基地位于浙江省沿海中部，上海经济区的南翼，中国黄金海岸线上经济发达的港口城市，也是全省七大特色文化产业集聚中心之一，以“海上仙子国”著称。台州虽处于沿海地区，但其海洋影视基地主要在靠近东海的仙居风景区。仙居依靠其绮丽的自然山水成为影视外景拍摄的理想场所。2002 年至今，已经有包括《射雕英雄传》《天龙八部》《七剑下天山》《霍元甲》《功夫之王》在内的约 50 部影视作品在仙居拍摄。此外，由于仙居靠近横店影视基地，已经成了横店配套的外景拍摄基地，凡是在横店拍摄的古装影视剧组，很多都慕名到仙居来拍摄外景。

台州以传统的设计制造业为特色，海洋影视产业方面的发展水平较弱。但是，台州可以凭借与横店的距离优势开展区域间的合作，形成影视拍摄方面的互动，为海洋影视基地集群建设提供区位支持。

4. 温州影视基地

温州也是浙江省文化产业总布局中的重要增长极，温州地处浙江东南沿海，近年来，温州把影视产业的培育作为文化产业新的增长点。2009 年，由温州正栩影视文化公司打造的影视基地落户洞头，洞头影视基地的总投资约达 3.7 亿元，是首个落户温州的大型影视文化基地。影视基地将用于建设影视文化商业街、打造影视剧主题公园、成立影视明星俱乐部以及用于培养中韩两国明星学员等。2011 年，由泰顺县政府、中央电视台新影集团和中汇联合投资基金管理（北京）有限公司三方共同打造的泰顺国际影视城也正式启动，项目总投资约为 50 亿元人民币。该影视城项目规划用地面积 333 公顷，总建筑面积约 500 万平方米，建设内容包括宋、明、清、民国、欧美特色影视城和专业高科技摄制棚，旅游观光接待区，生活居住区和绿化山林区等。是我国目前唯一以欧美特色为主，规模最大的影视城。

温州影视基地建设起步较晚，涉海性较弱，发展海洋外景拍摄基地的优势不够明显。但温州地区民营资本充足，可以充分吸纳浙江民营资金参与发展浙江海洋影视产业，改变以往单一的国有投资体制，实现资本结构和投资主体多元化，为海洋影视产业集群建设提供经济动力，成为海洋影视产业集群功能价值链上不可缺少的环节。此外，温州海洋影视基地起步晚，可以体现机会成本优势，促进文化与科技相结合，发展不同于传统影视基地的高端影视制作路线，进军高端电影制作的行列。

二、浙江滨海市典型海洋文化创意产业园发展中的问题

浙江海洋文化创意产业园发展具有良好的经济基础、丰富的滨海文化资源、广阔的市场，但是在资源转化机制、创意型人力资源、风险资本等方面存在较多制约因素。因此，浙江海洋文化产业园发展存在区域发展水平参差不齐、产业结构关联度低与集中无集聚效应、产业发展空间竞争激烈等问题。

（一）区域发展水平参差不齐

海洋旅游园区与海洋影视基地的区域数量与规模显示，浙江海洋文化创意产业园发展，起步较早，但是对其他海洋产业依赖性较高。因此，区域海洋产业发展较高的区域，海洋文化创意产业园区发展水平相应较高，如宁波、舟山、温州等地。现有诸多海洋文化创意产业园，整体发展水平都较低，但是宁波、舟山、杭州相对较好，其中影视基地当属宁波、舟山为最；海洋旅游集聚区当属舟山普陀与象山较好。浙江省海洋文化创意产业园还没有形成一整套由创意到生产到营销的完备产业链，这些在很大程度上制约了浙江海洋文化创意产业的发展，影响了海洋经济的综合效益。

（二）现有海洋文化创意产业园结构关联度低，导致集中却无集聚效应

调查显示现有主要海洋旅游产业园区和海洋影视基地内集聚的企业结构比较单一，

如象山影视基地内多为影视拍摄、剧务、场景协作等中小微企业，相互之间虽然都围绕影视剧拍摄而相互协作，却缺乏自身间的多变联系，无法衍生出集聚所需的社会网络关系与资本；对于舟山普陀山为核心的旅游园区而言，更是围绕游客需求诞生数百以上的餐饮、旅行社、沙雕策划与布展、景区管理等在内的公司，而这些公司却不能形成有效关联的业务嵌套和服务于中国舟山沙雕节等重要海洋旅游节事活动。综合而言，现有园区内部的企业结构比较单一，企业间联系比较松散，多围绕外来影视剧项目或游客产生联系，缺乏本地化的自我联系意识与发展理念，才导致地理集中却无集聚效应。

（三）产业发展空间竞争激烈

近年来，沿海各市为响应国家海洋战略和国家文化产业战略，纷纷整合海洋文化资源进行开发和利用，大力推进海洋文化产业的发展，掀起了一股建设海洋文化产业园的热潮。然而，随着海洋文化经济快速增长势头，各县市域间的海洋文化产业竞争也日益激烈。如浙江海洋文化影视基地发展高地当属舟山桃花岛和象山影视城，而近年嘉兴市海宁、杭州西溪等地也纷纷加入影视剧场景建设之列。其次，浙江文化产业形态众多，在信息新技术的推动下新兴文化创意产业业态层出不穷，分流了海洋文化创意产业的资金和文化人才等发展要素，挤压了其生存空间。

三、浙江海洋文化创意产业园发展问题的成因简析

（一）发展定位趋同与空间组织不合理

纵观浙江滨海已有或在建的 60 余家文化创意产业园，定位多局限在现代海洋休闲、滨海旅游、海洋影视拍摄基地、海洋文化产品加工与贸易，缺少海洋文化产品设计、技术咨询、现代传媒与信息技术应用推广等行业定位。因此，海洋文化创意产业园建设定位日益趋同，无法创新利用地方独特海洋文化资源的理念、路径与模式，也就导致区域竞争日益激烈。此外，现有海洋文化创意产业园多建设在地级市中心城区、县城城关镇内以及国家 4A 级滨海旅游景区周边，客观上造成离市场、人才、资金、工商管理等较近，却远离了海洋文化资源载体，这将无法服务于文化创意产业发展的动力之源——创意的孕育与诞生，既需要复杂的社会网络，又需求一份宁静。因此，海洋文化创意产业园的建设，不论是在市域尺度的区位特征，还是在城市内部空间尺度的选址，都存在重市场、资本与人才，轻文化资源与文化氛围与创作氛围等积弊。

（二）产业园运营模式单调

浙江滨海地区海洋文化创意产业园建设模式主要采取：政府主导建设、市场驱动

建设、政府与市场结合三类模式，其中在地级市中心城区和风景区周边的文化创意产业园受利好预期、政府土地出让优惠等政策，早期以政府主导为主，招商入驻企业到一定规模后便转交大企业经营管理；而在县城的城关镇或滨海小镇、岛屿建设的海洋文化创意产业园因其区位诱发的市场预期不明，多数由地方政府主导。目前，浙江滨海市域现有文化创意产业园中的大多数，属于此类运营模式，这有碍于园区的健康发展，也会造成园区企业以创意之名入驻却从事商业地产活动，降低园区海洋文化创意氛围。

（三）园区产业培育缺乏持续投入

浙江滨海地区海洋文化创意产业园的规划、建设与运营，曾在各级政府的海洋经济政策和文化产业政策交叉支持下快速发展。但是，受到国家和地方国民经济与社会发展五年规划中对重点培育产业门类的选择及其变更影响，已有各级各类文化创意产业园无法受到持续的政策扶植，集中表现在：一是各级财政投入对海洋文化创意产业新兴小微企业或引进的规模企业缺乏持续关注；二是政府对各级各类人才优惠政策中较少考虑非物质文化遗产传承人和新入职的创意人才；三是文化创意类企业无法享受到现行财政资助科技项目扶持，尤其是一些创意公司在初创期无法将其创意思想变化为各种知识产权时亟须风险资本投入。

（四）园区扶持政策组合松散、针对性差

浙江滨海各市发展海洋文化产业或创意产业的政策体系，非常注重政策、平台、人才、土地、财税等的建设，也取得了成效。但是，受政策出自多部门的影响或局限，政策组合效应和系统性较差。此外，海洋文化创意产业，既需要海洋文化资源开发利用政策，又需要海洋文化知识产权保护政策以及信息技术利用与风险投资孵化政策等，而且这些政策在针对不同成长期的企业时会有不同的政策内容相适应。因此，搭建海洋技术研发与共享、金融服务、信息服务、海洋文化创业孵化等公共服务平台，是园区扶持政策综合化发展的核心。

第三节　建设海洋文化创意产业园的战略与举措

建设海洋文化创意产业园的战略与举措应基于浙江海洋文化创意产业园发展的基础与条件、现状水平与结构、空间组织等，构建浙江省滨海市海洋文化创意产业园建设的总体战略指引、发展重点、实现路径等。

一、浙江海洋文化创意产业园总体战略指引

（一）践行国家战略、抓住特色，打造浙江海洋文化产业品牌

浙江省拥有世界第六的国际航运中心和国际物流中心，海洋空间资源港口资源等十分丰富，又正值建设国家海洋经济示范区和国家群岛新区，应借助这些优良资源禀赋与国家战略，重点打造有浙江特色的海洋文化产业品牌及其集聚区，与各地景观相结合，形成一条滨海海洋文化景观与海洋文化产业带，形成富有南方特色的海洋文化创意产业集群，加快向民众普及海洋文化，通过举办工艺文化展览和兴建新的以海洋为主题的滨海休闲文化景观主题产业园、海洋民俗文化节事展等活动，将海洋文化融入浙江省每个城市的每一个角落，凸显在浙江海洋文化产业中的人文精神。

（二）岛陆联动、整合产业区块，塑造海洋文化创意产业群落

浙江海洋文化资源散布在滨海地区的海岸带、城镇、岛屿、海域等地区，发展海洋文化创意产业园需要实施岛陆联动，推动文化资源富集高地的岛屿利用与保护，带动周边陆域城镇发展。整合浙江滨海地区得天独厚的“渔、港、景、资源”和深厚的海洋文化底蕴，深入整合海洋文化资源，精心选择一批具有比较优势和发展潜力的新兴海洋文化产业及其集聚地作为主导发展园区，重点打造六类产业特色鲜明、综合竞争优势明显的海洋文化创意产业园区：以文化与旅游为结合点，突出旅游功能的海洋文化旅游产业集群；以会展、节庆活动为载体，凸显海洋文化特色的节庆会展产业集群；以满足大众文化娱乐活动和以艺术熏陶为目的的海岛休闲娱乐和海洋文化艺术培训产业；以推动海洋海岛自然景观与影视元素的聚合，实现文化资源有效利用的海洋文化演艺和影视创作的产业园；以海文化和渔文化的创新研发、创意制作、时尚设计为主要内容，带来高附加值的新兴海洋文化创意产业园；以拓展文化产业价值链为出发点，通过融合海洋文化内涵转化为经济价值的海洋文化产品生产园区。

（三）注重文化资源可持续利用，塑造海洋型城镇群反哺文化产业群

由于滨海地区生态系统比陆地生态系统更为脆弱，在如今海洋文化产业飞速发展的今天，在开发海洋文化资源的同时，注重利用新技术与新业态，实现海洋文化资源可持续发展，显得尤为重要。应加强在渔民与渔村、沿海地区各级各类学校进行海洋文化资源的价值与利用科普知识，进而提高民众的文化传承意识，从根本上扭转不科学利用的现状，推动浙江省海洋文化的可持续发展。当前，实现海洋文化资源可持续利用的重要途径，在于将海洋文化融入市民日常生活之中，可以通过海洋主题公园、

海洋文化创意产业园、海洋雕塑广场、滨海湿地公园等等系列，建设彰显城市发展的海洋特色与海洋品质，进而集聚人气和海洋文化氛围，反哺城市文化创意产业从业者的海洋意识与海洋理念。

二、浙江海洋文化创意产业园发展重点

（一）培育浙江省海洋文化创意产业园的品牌与主导产业

浙江海洋文明历史悠久，海洋文化资源丰富，随着时间的推移和经济的不断发展，浙江的海洋文化内涵也在不断提升。在浙江省良好的海洋文化禀赋的基础上，要培育和长久发展海洋文化产业，首先要树立品牌意识，大力实施品牌化战略。该战略是摆脱海洋文化产业同质化竞争的必然选择，需把文化品牌作为发展产业的着力点，努力挖掘和提升海洋文化内涵，打造隶属于浙江的特色海洋文化品牌；其次，在对海洋文化品牌内涵进行精确定位的基础上通过相应的海洋文化活动对其策划和宣传推广，可以整合资源塑造一批具有区域文化特色的旅游和文化节庆品牌，比如与时俱进地举办一些海洋周、海洋文化节等活动，并在此过程中充分展现浙江海洋文化、海鲜美食和滨海休闲的魅力，真正实现浙江海洋文化和海洋经济的相互融合、相互促进。

（二）优化浙江海洋文化产业的政策支撑体系

安排海洋文化产业发展专项资金，采取贴息、奖励和补助等形式，支持重点海洋文化产业项目，创办国家级、省级文化产业示范基地；放宽市场准入领域和条件，鼓励和支持民营资本投资海洋文化产业，积极推动符合条件的海洋文化企业申请上市；鼓励海洋文化企业积极开展中外文化交流并拓展境内外市场；扶持和发展若干主业突出、品牌名优、效益明显，具有较强核心竞争力和可持续发展能力的海洋文化企业集团。

制定系统化、专门针对海洋文化产业园区的政策。首先，园区政策要服务于整体的产业链，要有利于产业链条的延伸、裂变，促进单一产业链转变为枝干丰茂的链条；其次，园区政策要促进当地文化企业以及其他企业之间分工协作，为当地企业之间形成网络服务；再次，园区政策要有利于当地企业根植在集群内，促使企业在文化产业园区内繁衍壮大。

（三）集聚文化创意人才与小微企业孵化风险资本，提升海洋文化创意产业发展的链式运行效率

海洋文化资源转化为创意产业的商业模式，本质上是一个组织在明确外部假设条件、内部资源和能力的前提下，用于整合组织本身、顾客、供应链伙伴、员工、股东或

利益相关者来获取超额利润的一种战略创新意图和可实现的结构体系以及制度安排的集合。它的核心内容包括产业特性、产业中的价值整合模式及要素彼此间的关联性（图3-3）。海洋文化创意产业是人根据文化资源创造出的新兴产业，当地的文化经验、人的文化背景都会影响到产业发展的机会。创意能否找到有效的营销策略，涉及价值整合及知识产权等。当然，海洋文化资源转化为海洋文化创意产业的诸种商业模式都包含着：一是文化资源的生活形态、以资本—技术—行政支撑为核心的介质群、创意阶层的创意、创意产品的创造者与消费者；二是从文化资源到创意产业这个链条中，存在创意流、商品流、价值流和信息流，文化资源转化为创意产业的创意商品实体和虚拟网络、营销渠道将各种流集成；三是文化资源、创意人群的创意、主管部门作为等因素贯穿生产、流通和消费。为此，针对浙江海洋文化创意产业园发展限制因素，要大力培养和引进文化人才，依托浙江大学、宁波大学、浙江海洋大学等高校的师资科研力量，培养探索产学研一体化人才培养机制，储备海洋文化产业人才；与此同时，实施文化高端人才引进计划，政府应创造良好的投资环境，吸引国内外的文化经营人才进入浙江海洋文化产业领域，才能实现海洋文化产业园发展的运行机制高效、有序。

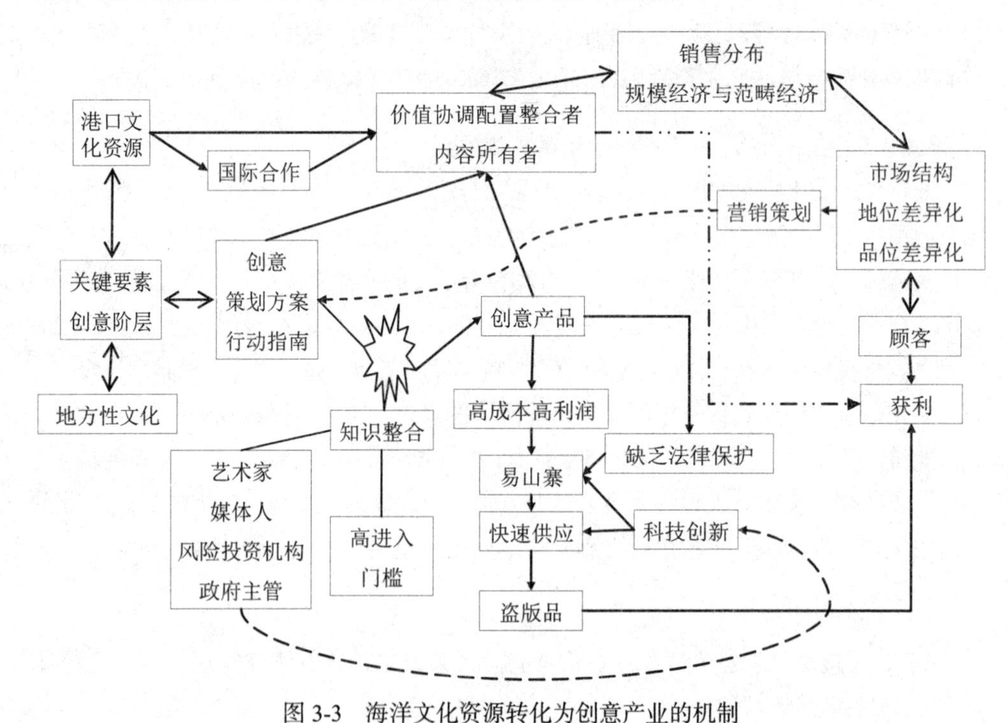

图3-3　海洋文化资源转化为创意产业的机制

三、实现路径

（一）提质升级，促进园区持续发展

以省级重点海洋文化园/基地建设为抓手，整合各类产业政策与文化战略，通过规范管理和引导助推双管齐下，加快海洋文化产业园提质升级步伐，促进园区规模扩张与内涵提升。基于宁波、舟山、温州的海洋文化创意产业园密集区，打造浙江海洋文化产业园持续发展先导区。进一步改革文化体制机制，深度激活文化市场，强化市场力量和文化企业建设海洋文化产业园区的主导作用，逐步实现浙江海洋文化产业园发展由政府推动向市场驱动转变，增强海洋文化产业园内生发展能力和持续发展能力。

（二）整合海洋文化资源，促进园区共同发展

运用产业政策引导企业整合，打造大型多业态海洋文化企业集团，实现跨产业、跨媒体、跨地区市场运作和运营；加强文化企业横向融合，鼓励龙头企业以多种方式兼并重组，形成海洋文化产业竞争优势；出台相关政策，打破地区壁垒，加强部门协作和城乡、海岛海洋文化资源整合力度，创新海洋文化资源开发利用方式和园区发展方式；基于甬台温都市带培育海洋文化创意产业带，打造舟山海洋文化产业发展示范区，形成滨海海洋文化产业带状与点状产业园统筹发展。

（三）优化空间组织，促进滨海园区协调发展

基于浙江海洋经济社会发展大局，着力打造“一心一带一圈”的空间格局，实现浙江海洋文化产业园率先发展和全面推进兼顾、特色发展与分工合作统筹。

具体而言，“一心”即杭州海洋文化创意产业发展中心。依托杭州强大的政治、文化、经济、科技人才复合优势，重点发展软件开发、动漫网游、影视风投、海洋工艺美术等类型的文化产业园，强化其对全省的带动辐射作用。“一带”即甬台温海洋文化创意产业集聚带。借力宁波、台州、温州等较好的海洋文化产业、技术、人才优势，深度实施“滨海文化创意产业与新型城镇化工程”，加快海洋民俗、海洋旅游、民间工艺、文化科技园提质升级，努力将甬台温打造成为立足浙南、服务浙江的海洋文化创意高地。“一圈”即舟山市海洋文化创意圈，立足市域毗邻优势，借力群岛新区规划与建设，鼓励文化企业跨区兼并，着力打造浙江海洋文化产业发展都市区。

第二部分

专 题 报 告

第四章　浙江海洋文化旅游产业发展

21 世纪是海洋经济的时代，发展海洋经济已是世界各国经济的共同选择。海洋旅游业是海洋产业的重要组成部分，以其占海洋产业增加值 28.7%的高份额成为仅次于海洋交通运输业（28.8%）的重要支柱性产业。海洋旅游超越传统的海滨旅游概念，涉及海滨、海上、海下、近海、远洋等发展空间。海洋旅游发展是用巧妙的柔性方式保障国家利益，以融合的方式维护蓝色国土的权益[①]。

第一节　海洋文化旅游及其发展

海洋旅游产业市场广阔，前景良好。据世界旅游组织统计数据显示，2007 年，全球滨海旅游业收入占旅游总收入的 1/2，比 10 年前增加了 3 倍，全世界 40 大旅游目的地中有 37 个是沿海国家与地区（图 4-1），这些国家与地区的旅游总收入占全球旅游总收入的 80%。美国大约每年有 3 000 万人到海滨游泳，1 100 万人从事娱乐性钓鱼，4 400 万人参加航海或驾驶游艇的运动，海洋旅游收入达 250 亿~300 亿美元，占全国旅游收入的 48%~50%。日本有 2.8 万公顷海上娱乐场所，海洋娱乐性钓鱼每年约 4 000 万人次。在西班牙的海滨地区，70%的人口就业与旅游业有关。[②]目前最具市场影响力的世界级海洋旅游目的地主要包括地中海地区、加勒比海地区和东南亚地区，南太平洋地区和南亚地区正在迅速成为世界海洋旅游的新热点。

---

① 魏小安，等. 中国海洋旅游发展. 北京：中国经济出版社，2013：1。

② 世界海洋经济发展态势. 市场报，2005-07-11（9）。

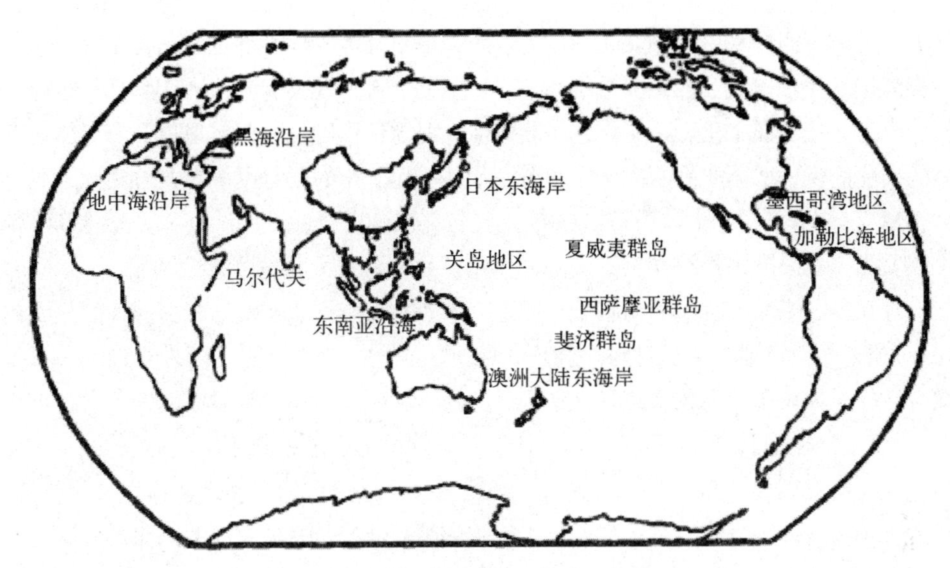

图 4-1　世界著名滨海旅游地区分布图

一、海洋文化与海洋旅游的融合

文化与经济一体化已成为当代世界经济和文化发展的趋势。现代化城市的发展一刻也离不开文化，独具特色的城市文化能为一个城市在综合竞争中提供巨大优势和不竭动力。

据世界旅游组织统计，休闲旅游已占世界旅游的 62%。进入 21 世纪以后，休闲、旅游和文化的结合已经成为一个新的趋势。中国的旅游正处于从单纯的观光向观光和休闲度假转变的转型阶段，旅游开发逐渐向深度发展，更加注重彰显与文化的相辅相成。文化犹如一只无形的手支配着旅游经济活动，旅游业要能造出各种各样让人接受的产品，只有通过文化创新才能保持旅游业可持续发展。

海洋旅游作为旅游业的一种主要的实践形式，被认为是实现旅游业可持续发展的必然选择之一，在世界范围内得到普遍重视和迅速发展，已经成为国际旅游的主流。据有关资料介绍，在发达国家，海洋旅游业产值一般都占到整个旅游业产值的 2/3 左右。从国际海洋旅游业的发展角度看，海洋文化与海洋旅游的高度融合和一体化发展，是区域海洋旅游产业发展的必由之路。如美国佛罗里达海岸(奥兰多、棕榈滩、迈阿密)、加勒比海岛屿、南太平洋岛屿（夏威夷群岛、斐济群岛、巴厘群岛）、澳大利亚东海岸（大堡礁、布里斯班黄金海岸）、法国蓝色海岸等地的成功无不证明了这点。国外游客到巴厘岛度假休闲的主要目的之一就是去领略其浓郁的地方特色文化；墨西哥坎

昆大型海滨度假区则以玛雅文化为中心；而以草裙舞等为代表的土著文化更是成为夏威夷海滨度假赖以成名的主要吸引物之一。因此，大力开发与海滨密切联系的海滩文化、海岛文化、渔文化、盐文化、民族风情、海洋信仰等，将极大地提升海洋旅游产品的文化内涵，增加产品的趣味性和游客的体验感。正如联合国世界旅游组织特聘专家埃里克•彼得森指出，滨海旅游区应让人与自然亲密接触，旅游资源多元化和当地民俗文化有机融合，把海洋旅游资源和休闲度假资源最大化地可持续利用。

在我国，海洋旅游则刚刚起步。而近年来各种参与性、实践性和超前性的旅游内容， 比如海洋游泳、海上冲浪、烧烤、张网、垂钓、观海听潮、野外求助等一系列综合性的海洋旅游项目越来越受欢迎。海洋旅游已成为海洋经济发展的四大支柱产业之一。2005 年 5 月，我国公布了第一个涉及海洋区域经济发展的指导性文件——《全国海洋经济发展规划纲要》提出，滨海旅游业要进一步突出海洋生态和海洋文化特色，努力开拓国内、国际旅游客源市场；实施旅游精品战略，发展海滨度假旅游、海上观光旅游和涉海专项旅游；加强旅游基础设施与生态环境建设，科学确定旅游环境容量，促进滨海旅游业的可持续发展。

二、我国海洋旅游发展格局

中国濒临太平洋西岸，拥有 18 000 多千米的大陆海岸线，14 000 千米的海岛岸线，面积在 500 平方米以上的岛屿 7 000 多个；可管辖的海域南北延伸近 40 个纬度，面积达 300 多万平方千米。沿海岸线由北至南共有 53 个滨海城市。中国沿海自北向南既有中温带、暖温带的海上景致，更有热带、亚热带的海洋风光，海洋旅游资源丰富多样。

近年来，在国家拉动内需、加大投入的政策驱动下，我国海洋旅游业总体保持平稳发展，国内旅游增长较快，国际旅游逐步恢复。2014 年，海洋旅游继续保持较快发展态势，邮轮游艇等新兴旅游业态发展迅速。全年海洋旅游业实现增加值 8 872 亿元，比上年增长 12.1%，在整个海洋产业增加值构成比例中稳居第一，占比达到 35.3%，海洋旅游业对我国东部沿海地区经济增长的拉动作用日益凸显（图 4-2）。

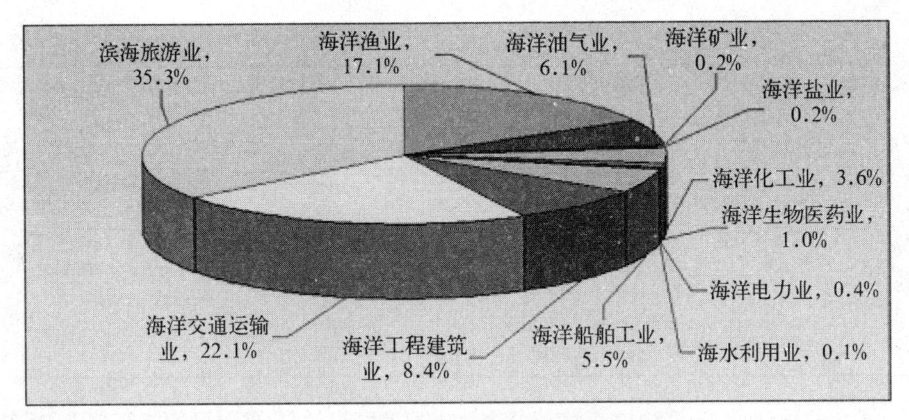

图 4-2 2014 年中国海洋产业增加值构成图

从海洋旅游发展模式与格局来看，中国海洋旅游采取依托沿海城市，突出海洋特色，分区、分片建设的政策。近年来，在沿海开发建设了 300 多处海洋与海岛旅游娱乐区，兴建了各具特色的旅游娱乐设施，已经形成了环渤海海洋旅游区、长江三角洲海洋旅游区、泛珠江三角洲海洋旅游区等格局[①]（表 4-1）。

表 4-1 中国三大海洋旅游区旅游市场发展条件比较

海洋旅游区	区域范围	旅游区位条件	旅游业发展状态	区域优势	主要旅游功能	主要客源市场
环渤海海洋旅游区	包括辽宁、河北、天津、山东的 17 个沿海城市	地处东北亚经济圈的中心地带，是我国北方地区与日本、韩国等东北亚国家开展国际交流与合作的重要门户，对日韩、东北亚游客市场具有很大吸引力	旅游客源市场以国内游客为主，国际客源市场份额相对不足	气候优良、资源丰富、区域紧密度高、客源市场优势明显	滨海观光、休闲度假	日本、韩国等东北亚市场、环渤海地区旅游市场
长江三角洲海洋旅游区	包括江苏、上海、浙江的 11 个沿海城市	位于我国大陆海岸线的中段，是世界上最具有活力和发展前景的经济区之一，对日韩和东南亚以及港澳台客源市场具有很大吸引力	旅游经济发达、客源市场充足	区域经济优势、对外开放优势、旅游资源优势	滨海观光、滨海生态旅游、都市旅游、海岛旅游	海外游客、长三角旅游客源市场

① 刘佳．中国滨海旅游功能分区及其空间布局研究．中国海洋大学博士毕业论文，2010：121。

续表

海洋旅游区	区域范围	旅游区位条件	旅游业发展状态	区域优势	主要旅游功能	主要客源市场
泛珠江三角洲海洋旅游区等格局	包括福建、广东、广西、海南的27个沿海城市	位于我国南部沿海，毗邻港澳台及东南亚地区，是我国外向依存度最高的区域，因CEPA和中国—东盟10国共建自由贸易区而有限获取较多发展机遇	入境旅游在沿海地区发展较为显著	地理区位优势、宗教文化多元、民俗特色鲜明	滨海观光、滨海文化旅游、休闲度假、疗养避寒、娱乐购物	港澳台、东南亚与长三角、珠三角以及欧美广阔市场

我国滨海55个城市2014年接待游客216 829万人次，占我国接待游客总人数（373 900万人次）的57.99%；我国滨海城市旅游收入达27 809亿元，占我国旅游总收入（36 845亿元）的75.48%。由此可以看出，海洋旅游发展在我国旅游发展中占有举足轻重的地位，对实现“把旅游业培育成国民经济的战略性支柱产业和人民群众更加满意的现代服务业”目标具有决定性作用，是中国旅游影响世界旅游发展格局的关键因素，能够极大地促进“力争到2020年我国旅游规模、质量、效益基本达到世界旅游强国水平”目标的实现。

三、浙江海洋文化旅游资源及海洋旅游发展现状

浙江是海洋大省，丰富的海洋资源为浙江开展海洋旅游提供了宽广的空间和无限的遐想。近年来，依托浙江海域面积广阔、海岸线长、海洋文化资源丰厚等优势，已逐步形成了以嵊泗列岛、普陀山、朱家尖组成的国家级海洋旅游风景区，以钱江观潮为特色的旅游项目，以温州为中心，由雁荡山、楠溪江、洞头、南麂岛组合而成的旅游线，并基本形成了“游海水、观海景、买海货、住海滨”的滨海型旅游格局（表4-2）。但随着旅游者旅游需求的文化品位不断提高，传统旅游产品的吸引力正在不断弱化，同时各地旅游产品低水平重复、资源与环境破坏的现象等问题日益突出。因此，加强浙江海洋文化旅游资源的整合，走一体化发展的道路，是推动浙江海洋文化旅游产业向纵深方向发展的必然选择。

表4-2　浙江沿海城市旅游资源单体等级　　单位：个

地区	五级	四级	三级	二级	一级	优良级	合计
全省	252	678	2 987	6 708	9 645	3 917	20 270
杭州	41	83	351	824	1 407	475	2 706

续表

地区	五级	四级	三级	二级	一级	优良级	合计
宁波	27	63	298	470	1 042	388	1 900
温州	25	96	528	1 015	1 615	649	3 279
嘉兴	16	56	246	510	328	318	1 156
绍兴	26	73	258	485	1 019	357	1 861
台州	16	48	228	747	743	292	1 782
舟山	17	49	155	369	271	221	861

资料来源：《浙江海洋旅游发展报告（征求意见稿）》。转引自周世锋、海洋开发战略研究. 杭州：浙江大学出版社. 2009：157。

目前，浙江依托海域面积广阔、海洋资源丰富、海岸线长、海岛沙滩众多的优势，已逐步形成了以嵊泗列岛、普陀山、朱家尖组成的国家级海洋旅游风景区，以钱江观潮为特色的旅游项目，基本奠定了“游海水、观海景、买海货、住海滨”的滨海型旅游格局，海洋旅游在全省旅游经济总量中占有近半壁江山。2006—2014 年，浙江省 7 个滨海城市旅游消费继续保持较高的增长速度（表 4-3，表 4-4）。

表 4-3　2006—2014 年浙江滨海旅游业收入概况

年份	杭州（亿元）	宁波（亿元）	嘉兴（亿元）	绍兴（亿元）	舟山（亿元）	温州（亿元）	台州（亿元）	旅游总收入（亿元）	净增长率（%）
2006	549.0	316.6	135.0	147.2	71.7	168.3	150.3	1 538.1	20.27
2007	634.2	380.9	162.5	186.5	85.3	200.5	175.3	1 825.2	18.67
2008	707.2	450.2	193.1	213.6	102.0	233.2	208.6	2 107.9	15.49
2009	803.1	530.5	229.0	252.4	116.5	265.9	230.0	2 427.4	15.16
2010	1 025.7	751.3	354.2	318.4	142.0	331.7	273.2	3 196.6	31.69
2011	1 191.0	751.3	354.2	413.9	235.5	391.8	329.3	3 667.0	14.72
2012	1 392.3	862.8	419.1	584.4	266.8	484.4	412.2	4 421.8	20.58
2013	1 603.7	953.5	485.6	584.4	300.1	391.8	493.4	4 812.4	8.83
2014	1 886.3	1 068.1	565.03	652.1	338.44	681.0	583.55	5 774.6	19.99

资料来源：2006—2014 年各地市国民经济和社会发展统计公报。

表 4-4　2006—2014 年浙江省滨海地市国内旅游收入　　单位：亿元

年份	杭州	宁波	温州	嘉兴	绍兴	舟山	台州	合计
2006	471.2	289.6	189.77	122	140.08	84.08	145.1	1 441.83
2007	548.6	348.2	189.77	148	177.36	100.24	170.63	1 682.8
2008	617.2	417.4	220.3	180	204.1	124.1	203.7	1 966.8
2009	772.56	497.3	253.74	216	242.25	147.1	226.65	2 355.6
2010	910.9	610.7	317.3	281	305.8	192.3	269.4	2 887.4

续表

年份	杭州	宁波	温州	嘉兴	绍兴	舟山	台州	合计
2011	785.15	657.55	270.87	226.4	239.69	76.48	200.12	2 456.26
2012	1 253.2	816.4	464.2	401.6	491.1	256.7	406.7	4 089.9
2013	1 470	904.2	556.4	470.5	569.3	290.2	490.7	4 751.3
2014	1 746.33	1 020.3	651.43	551.06	636.73	318.22	586.34	5 510.4
合计	8 575.14	5 561.65	3 113.78	2 596.56	3 006.41	1 589.42	2 699.34	2 7142.29

数据来源：《2007—2015 年浙江统计年鉴》及各滨海地市国民经济和社会发展统计公报。

第二节　浙江海洋文化旅游发展格局与产品体系构建

浙江省经过多年发展，已成为海洋旅游大省。沿海各地持续加强对各类海洋旅游资源进行选择性、特色性、创意性和综合性开发，使海洋旅游呈现出特色鲜明、有影响、上规模的特征。但是，目前的浙江海洋旅游发展，也存在着一系列的问题和缺陷。浙江属于中亚热带的气候类型，冬季和夏季冷暖变化很大，造成海洋的旅游淡旺季情况非常明显，直接导致海洋旅游季节性明显。再加上，夏季沿海地区恶劣天气频繁，受大雾、台风等灾难性气候影响，往往对旅游产生不利的影响。也正因为自然旅游的受限，浙江的海洋旅游才更加需要突破，完善海洋文化旅游发展格局与构建多元化旅游产品体系。

一、浙江海洋文化旅游产业发展的战略思想

浙江海洋文化旅游发展的战略思想可概括为：区域联合、整体推进、统筹规划、合理开发、永续利用，努力将浙江海洋文化旅游建成旅游形象鲜明、产品结构优化、综合效益较高的国内知名的一流旅游区域。为贯彻上述战略思想，应重点实施以下战略。

（一）区域联动发展战略

浙江沿海的杭州、嘉兴、舟山、宁波、台州和温州等市，虽然地域相邻，经济发达，但因在旅游开发中很少合作，缺乏协调，所以暴露出来的问题也日益明显。如果不进行区域合作，各自为政开发海洋文化旅游资源，极有可能出现两败俱伤的恶性竞争。因此，旅游项目开发应从大区域来考虑，树立区域一体化思路，加强联合，共同

发展，努力避免投资浪费和恶性竞争，以促进浙江海洋文化旅游整体效益的提高。

（二）整体形象驱动战略

随着旅游者旅游需求的文化品位不断提高，传统海洋文化旅游产品的吸引力正在不断弱化。面对这一形势，浙江海洋文化旅游的发展战略应作必要的调整，变产品驱动为形象驱动，强化浙江海洋文化旅游产品的主打品牌形象并进行个性再塑造，尤其要深刻挖掘旅游文化内涵，以鲜明的区域整体形象对国内外旅游者产生强大的吸引力。

（三）可持续发展战略

近年来，由于工业的高速发展，浙江海洋旅游区域的环境质量在下降，尤其是海水污染严重，使资源的魅力大大降低。为保证浙江海洋文化旅游吸引力长盛不衰，必须实施旅游可持续发展战略。处理好旅游开发与保护的关系，尤其把治理水环境污染作为重点，共同创造优美的旅游环境，促进海洋旅游发展与人口、经济、社会、资源、环境的协调。

二、浙江海洋文化旅游发展格局与产品体系构建

（一）整合资源，构建浙江海洋文化旅游“一体两翼多品牌”新格局

1. 一体:舟山群岛海洋文化旅游核

以佛教文化为主线，实现串联整合，形成以普陀山“海天佛国”品牌为依托，将各类海洋文化资源串联组合成系列精品旅游产品，提升浙东区域海洋文化旅游产品的核心竞争力。① 普陀山以“海天佛国”闻名海内外，经过20多年的开发建设，旅游服务配套设施基本完善，客流量稳定，抗市场风险能力强劲。尤其是观音三大节日、祈祷和平法会、方丈升座仪式、普陀山南海观音节等一系列大型佛教文化活动，使普陀山知名度日益提高。② 武侠文化游。桃花岛是金庸名著《射雕英雄传》和《神雕侠侣》所描绘的神奇小岛。近年来利用《射雕英雄传》、《天龙八部》等电视剧的拍摄筹建了一批武侠文化景观，形成了桃花岛武侠文化品牌。③ 历史文化名城寻古游。定海，是全国唯一的海岛历史文化名城，名胜古迹众多，旅游资源丰富。现存有马岙土墩和白泉十字路等古文化遗址；明末抗清古迹同归城，舟山宫井、都神殿等古建筑群；鸦片战争古战场遗址、三忠祠、姚公殉难处、李义士碑、震远炮台。④ 海岛文化休闲度假游。在继续深入开发沙雕节的基础上，开发海滨休闲度假游、海岛渔业休

闲游和海上沙滩各项体育竞技运动游。

2. 两翼:环杭州湾休闲文化旅游带和甬台温海洋文化旅游带

（1）环杭州湾休闲文化旅游带。杭州湾跨海大桥建成后，以杭州湾大桥为中心，包括杭州湾新城、工业新区及海滨一带的慈溪广阔水域和滩涂区域，将形成杭州湾大桥旅游区，以世界第一跨海大桥为主要吸引物，重点开发大桥观光、杭州湾海滨游乐园、滩涂游乐休闲项目等，形成以滨海风光为生态背景的集观光、休闲、度假、商务等为一体的综合性的滨海旅游带。

（2）甬台温海洋文化旅游带。以宁波为起点，以宁波“东方大港”为依托，强调海上丝绸之路与现代化港口城市文化的传承关系，组织串联、优化整合北仑港、镇海港、甬江口、象山港、三门湾、台州湾、温州湾等东部海岸海洋景观和陆域景观，形成展示浙东海洋文化向海外开放的窗口。

3. 多品牌

旅游品牌是旅游产品的整体价值表现。当前，浙江可以整合鲜明的渔、佛、城、岛、商、山等旅游资源，将海洋佛教文化旅游、海上丝绸之路旅游、中国渔都渔业文化旅游、东方大港旅游等培育成国内外知名品牌，并通过强势品牌的延伸，全面拉动浙江海洋文化旅游市场。

（二）完善旅游产品层次，满足不同层次旅游者的旅游需求

从旅游功能看，旅游产品分为三个层次：基础型产品是以陈列式观光游览为特征，自然风景名胜和历史文化遗迹为项目内容，是旅游产品结构的基础和出发点；提高型层次是以表演式展示为特征，满足游客由“静”到“动”的多样化心理需求，吸引游客消费向纵深发展；发展型层次以参与式娱乐与相关活动为特征，以满足游客的自主选择、投身其中的个性需求。旅游产品开发必须根据不同层次游客需要，确定产品开发层次，进行分层定制（表 4-5）。

表 4-5　旅游产品的层次划分

层次	特征	项目内容	产品功能
基础层次	陈列式观光	自然风光名胜人文历史遗迹	属于最基本的旅游形式，是旅游规模与特色的基础
提高层次	表演式展示	民俗风情展示歌舞竞技表演	满足旅客由“静”到“动”的多样化心理需求，通过旅游文化内涵的动态展示，吸引游客消费向纵深发展
发展层次	参与式娱乐	亲身参与体验游戏娱乐互动	满足旅客自主选择、投身其中的个性需求，是形成旅游品牌特色与吸引游客持久重复消费的重要方面

浙江海洋文化旅游的发展以海为主体，应该涵盖远海、近海、海岸、海滨、滨海横向五个层面以及海空、海面、海下纵向三个层面，实现立体全方位的开发。在每一个层面上都有特定的旅游体验方式和系列旅游产品，共同形成“海洋旅游开发八圈层结构”（表 4-6），构建海洋旅游产品开发的集成库，并以此为基础，结合文化内涵的挖掘、科技的进步和市场需求的变化，进行产品体系创新，为中国海洋旅游开发打造基础。

表 4-6　“海洋旅游开发八圈层结构”基础产品

旅游活动范围	基础产品举例
远海	特种旅游为主：出海观光、海钓、捕捞、游艇、海上贸易体验
近海	水上运动为主：浅海捕捞、垂钓、围海浴场、滑水、冲浪、帆船比赛、水产养殖、海上拓展训练、海上漂浮岛
海岸（滩）	海滩游乐为主：赶海拾贝、沙滩浴场、沙滩体育、沙雕、美食餐饮、手工艺品制作与出售、水景、沙滩演艺、沙滩 SPA
海滨	度假酒店、水疗养生、健身、温泉、海洋博物馆（主题乐园）、渔人码头、商务会议酒店、游艇俱乐部
滨海	渔村（镇）民俗体验、海洋宗教信仰、海洋节庆、海鲜工业旅游、高尔夫球场、度假地产
海空	水上滑翔伞、水陆两栖飞机、海上飞索、海上直升机
海面	快艇、船、各类水上运动
海下	潜水、水下考古、水下表演、水下餐厅、水下客栈、水下影院

资料来源：代改珍．体验为核深度开发海洋旅游产品．http://www.hhlv.net，2010-04-03。

在浙江海洋文化旅游资源发展中，应该加强区域内资源的整合，围绕市场需要，开发出能满足不同层次旅游者需要的旅游产品，如海上名山游、海岛远古文化游、海洋宗教文化游、徐福文化游、金庸武侠文化游、海洋民俗风情文化游、海洋渔业文化游、水下考古游、名人名著文化游、海洋饮食文化游、海洋历史文化游、海洋军事文化游、海洋景观生态游、荒岛探险游等；同时，加强开展游艇、帆板、冲浪、沙滩排球、水上飞机、海上降落等海洋体育竞技旅游活动，以提升浙东海洋文化旅游的参与性、娱乐性、趣味性、文化性，增强吸引力。这样既可以平衡浙江旅游淡旺季明显的缺陷，减少淡季旅游设施闲置所带来的损失，提高旅游经济效益。

结合浙江海洋文化状况以及旅游者的旅游需求状况，当前可重点开发或完善十大海洋旅游产品体系。

1. 海洋观光旅游产品

观光旅游产品与其他旅游产品具有良好的兼容性，因此，不论旅游的发展成熟到何种程度，观光旅游在一定时期内仍将在国内外旅游市场中占很大比例。目前，以海洋自然美景、历史古迹以及海岛文化等为主要内容的观光旅游是舟山市旅游产品的主体，贯穿了舟山境内各岛礁的所有景区。根据旅游市场的变化和游客的心理特征，以后的观光旅游产品开发除了要继续完善以各岛屿为载体的观光旅游产品外，应逐步开发利用游船进行环群岛海上观光、利用直升飞机进行群岛空中览胜等新的旅游观光项目。

2. 观音文化旅游产品

我国本土宗教道教与东夷海洋文化有着不解之缘，佛教、伊斯兰教、基督教等外来宗教的东渐亦与海上交通息息相关，妈祖民间宗教信仰更是海洋文化的直接产物。沿海地区此类宗教文化景观众多，且在海内外享有较高的知名度，可以整合成各种专项宗教旅游产品，展现源远流长的海外交通史和涉波履险、勇敢无畏、有容乃大的中华海洋文化精神。

如海洋佛教文化是舟山海洋文化最大的特色。普陀山是南海观世音的修行场所，供奉观音菩萨道场历史悠久，观音文化积淀丰厚，朝拜信徒众多。要充分利用观音文化的平台，通过举办观音文化节等活动，整合普陀山与周边岛屿观音文化的资源，综合开发普陀山“观音道场所在地”、佛渡——“观音第一脚印”、桃花岛白雀寺——“观音出家得道地”、朱家尖——“普陀庙产地”等旅游产品，以“佛国”带动“海天”，以“海天”拓展“佛国”，打造规模更为浩大、内容更为丰富的国际级“海天佛国”旅游品牌与形象。

3. 武侠文化旅游产品

金庸武侠文化是一座值得长期挖掘的金矿。金庸先生在全世界有3亿多读者，近几年，国内外更掀起了一次又一次“金庸热”。我们认为，深入挖掘武侠文化，开发奇特的武侠文化旅游产品，将具有广阔的市场前景。

桃花岛是现代武侠小说《射雕英雄传》中重墨渲染的东海奇岛，《射雕英雄传》电视剧又以桃花岛为实地拍摄基地，修筑了射雕影视城，该岛成为武侠爱好者寻踪的目的地。要充分利用这一优势，做大做强金庸武侠文化，增加与金庸武侠文化结合的参与性和娱乐性的内容，使“金庸笔下”桃花岛的武侠文化品牌形象得到进一步提升，使之成为具有世界知名度的以武侠文化为主题的旅游景区。

4. "海上丝绸之路"旅游文化产品

"海上丝路"文化内涵极其丰富。"海上丝绸之路"是泛指古代中国沿海地区与世界各地以丝绸为主的海上贸易通道，包含四个层面的内容：第一是时间，大约形成于秦朝至明清时期。第二是空间，由中国东南沿海出发，到达亚洲、非洲和欧洲等地。第三是线路，大致分南、北两条路线，南线从南海的广东、广西、汉日南郡（今越南）和福建的港口出发，面向东南亚、南亚、西亚乃至非洲和欧洲；北线是由东海的港口出发至朝鲜和日本。第四是内容，从中国输出主要以丝绸为主，还有陶瓷、茶叶、漆器和铜铁制品等，从外国输入主要有香料、宝石、象牙等。[①]

可以整合"海上丝绸之路"始发港广州、泉州、宁波等地的古港口、灯塔、祈风石刻、"藩客街"旧迹、古船遗物等，开辟一条"海上丝绸之路"旅游专线，不断营造东南沿海地区具有海洋特色的旅游环境，共同架构一条中国"海上丝绸之路"旅游产业带，创造出具有世界影响力的旅游区域。

5. 邮轮、游艇体验产品

进入 21 世纪以来，邮轮旅游在世界旅游市场中虽然所占比重仍然很小，但却显示出快速增长的态势，昭示出广阔的发展前景。邮轮旅游的最大特点是悠闲浪漫、自主性强。邮轮不但船体坚固、结构复杂，而且造型漂亮、设施齐全、十分舒适。随着时代发展和科技进步，邮轮旅游产品逐步兴起，成为世界海洋旅游产品中一个生机勃勃的组成部分。游艇集航海、运动、娱乐、休闲等功能于一身，是满足个人及家庭享受型生活需要的一种水上娱乐消费产品。游艇休闲产品发展空间巨大，可以与海岸上的旅游休闲项目相结合，开展观光、考察、探险等旅游活动，形成海陆联动的空间开发模式，催生新的海洋旅游目的地。中国邮轮、游艇旅游发展非常迅猛，邮轮、游艇旅游项目已经成为推动国民经济发展的又一动力点。

浙江沿海具有优越的区位优势和建港资源，宁波、舟山、温州均有可建设 10 万总吨及以上的大型邮轮码头的岸线资源。目前，舟山依托海洋风光和普陀山佛教文化，在朱家尖岛建成了可靠泊 15 万总吨大型国际邮轮的现代化国际邮轮码头，并于 2014 年 10 月 13 日正式开港并成功迎来"宝瓶星"号国际邮轮的靠泊；宁波市在梅山岛南部规划有国际邮轮码头；温州正在规划依托洞头、南麂岛等海岛风光，建设大中型国际邮轮码头。

① 黄少辉．海上丝绸之路文化旅游发展研究．热带地理，2009（2）：177-181。

6. 海鲜美食旅游产品

浙江独特的地理位置，辽阔的港湾浅海及滩涂，优越的水文条件、生物资源，是鱼类繁殖生长的“天堂”，为开发特色鲜明的海洋饮食文化旅游产品奠定了基础。

舟山是我国第一大渔场，各色海鲜种类繁多。《舟山渔志》(1989 年版)记载：东海鱼类品种总数达 500 种以上，分布在浙东近海的约有 300 余种，而在舟山渔场常见的经济价值较高的鱼类品种，就有 100 余种之多。《舟山市志》(1992 年版)记载：舟山渔场水产资源丰富，共有鱼类 365 种。其中属暖水性鱼类占 49.3%，暖温性鱼类占 47.5%，冷温性鱼类占 3.2%；虾类 60 种；蟹类 11 种；海栖哺乳动物 20 余种；贝类 134 种；海藻类 154 种。舟山渔场水产品种类之繁多，尤其是食用价值、经济价值高的鱼虾蟹贝藻类品种之多，产量之高，不仅在国内渔场甚至在世界渔场中间也屈指可数。但舟山海鲜作为一种餐饮文化，在国内的地位并不十分突出。要发挥舟山的海洋渔业资源优势，让舟山海鲜走出去，要通过与海洋文化、佛教文化、海滨休闲文化有机结合，对舟山海鲜美食的品牌整合，统一包装，吸收外来海鲜之精华，完善舟山海鲜的品牌，形成舟山海鲜美食菜系，继而把其作为舟山旅游新品牌，广泛推向全国，乃至国外，朝着品牌化、规模化方向发展。同时，开发沈家门的中国海鲜美食城、六横岛的“海上人家”、东极岛的海鲜美食旅游产品。

7. 海洋节庆旅游产品

节庆旅游产品作为一种综合性旅游产品，对于推介城市形象，提高旅游目的地的知名度以及带动相关产业的发展至关重要。舟山市虽然已有一定知名度的“中国舟山国际沙雕节”“中国舟山海鲜美食节”“普陀山国际观音文化节”“中国开渔节”“中国（象山）海洋休闲博览会”“三月三，踏沙滩”等旅游节庆活动，但在如何把旅游节庆活动办得既有声色、有影响，又富有经济效益等方面还有所欠缺。旅游节庆的举办应当以企业为主体，市场为需求，以游客满意为目标，因此，整合政府、企业和民众力量，不断探索以资源的互补性、经济的共需性和利益的共享性为前提的整合开发机制，形成联动互促的良性共生关系，使其对旅游和社会经济的发展具有切实的效益，而不是把旅游节庆单纯办成政府的节庆活动。

如我们可以积极整合舟山、台州、温州、杭州、嘉兴等地的海洋节庆，将中国开渔节、港口文化节、国际沙雕节、观音文化节、海鲜美食节、国际海钓节、象山海边泼水节、中国钱江观潮节、温州抗倭文化节等打造为统一的“浙江·国际海洋文化节”，努力将其塑造成国际著名的旅游节庆品牌。

8. 海洋旅游商品

旅游商品是旅游业的重要组成部分，旅游购物是旅游六大要素中消费最大也是最有潜力可挖的一项。要大幅度提高旅游购物在旅游经济中的比例，一是要加快舟山旅游商品的开发力度，旅游业、渔（农）业、工业、商贸业等相关部门要密切合作，搞好规划和市场调研，构筑以市场机制为基础的旅游商品发展平台，以舟山已有一定名气的工业产品和农渔业产品（如，普陀佛茶、舟山水产、普陀水仙等）为基础，提高科技含量和包装质量，发展成名牌商品；二是加快旅游工艺品和纪念品的开发和引进，把旅游工艺品的开发与海岛地方特色和民间特色相结合，逐步推出开发质优、款新、价廉、富有创意的海洋旅游工艺品（如，沙雕工艺品、佛教工艺品、武侠文化工艺品、船模工艺品、海洋海岛风情工艺品等）。通过自主研发和借助外地企业加工相结合，逐步形成旅游工艺品的研发和引进体系；三是分期分批建立旅游定点购物商场，旅游局牵头，商场和旅行社密切合作，并通过旅游线路的包装把定点购物纳入游程计划。

9. 海洋科普旅游产品

海洋科普旅游产品是将海洋旅游与海洋科学技术有机结合的一种新兴的高层次的产品类型，其基本形式是通过海洋旅游资源中的科技要素，利用各种自然和人文景观，科学规划设计，开发成集科普教育、娱乐体验、观光游览、生产加工等为一体的旅游产品。[①]辽阔的海洋蕴含着无穷的宝藏和无数的奥秘，在“海洋世纪”里，海洋科技是各国竞争的焦点之一。开发海洋科普旅游文化产品，可以进行海洋科普教育，提高全民的海洋意识。

就江浙沪沿海地区而言，独特的地理位置和悠久的人类活动历史，赋予旅游资源浓郁的海洋文化气息；几千年的历史发展进程中，沿海城市又形成了特色鲜明、内涵丰厚的海洋文化体系，具有很高的旅游价值。舟山的岱山岛便充分利用内涵深厚的海洋文化资源，建成一大批现代博物馆，推出了“房”“风”“盐”“泥”“渔”“灯”“石”七大品牌。海洋科普旅游产品宣扬了知识经济的时代特征，体现了人与自然和谐的时代旋律，游客从中可以领略到海洋历史文明的灿烂与辉煌，在休闲之中增长见识，在参与中体验科技的魅力、在游览中感受海洋的神奇，获得审美、娱乐、休闲等方面享受。

另一方面，充分利用科技手段不断丰富海洋旅游产品的内涵。如舟山的中国台风博物馆。该博物馆是一座海船形的白色建筑。这座博物馆除了陈列的650余幅图

① 马丽卿等．长三角地区旅游业态分析与海洋特色产品链构建．中国城市化，2009（3）：31-34。

片资料和57件实物外，还配置了一套先进的全自动海洋环境远程观测传输系统，为全省有效指挥防台抗台工作提供可靠数据。台风博物馆二期 4D 动感影院项目已初具规模，它将整合各种高科技手段，艺术化地打造 4D 动感影院和仿真模拟系统，以参与性、互动性手法,让游客身临其境地感受、体验台风的凶、险、奇，同时推出观浪游项目。

10. 海洋民俗旅游文化产品

海洋民俗文化是反映沿海居民的生活和思想感情，表现他们的审美观念和艺术情趣，其人文地理的独特性，决定了海洋民俗文化的丰富多彩。在搜集、整理、保护、传承浙江海洋民俗文化的过程中，我们应通过旅游业的载体来充分展现其丰富的内涵，体现其内在的价值所在。

深入挖掘海洋民俗文化内涵，重点开发海洋民俗文化旅游项目，推出休闲文体旅游产品，举办特色鲜明的深水海钓、荒岛探险、原始婚姻仪式、古老祭海仪式等活动，让游客体验“当一天渔民，过一天渔家生活”，以清新的自然风光，纯朴的渔乡风情，通过参与性、趣味性、观赏性于一体的海洋民俗文化旅游，使都市游客真正领略到渔家古朴淳厚的民风民俗。

第三节　浙江海洋文化旅游产业发展对策

一、建立多元化的协调机制，发挥政府的主导作用

通过政府间的磋商协调机制，完善政策法规体系，从宏观层面上消除行政边界的障碍与壁垒；通过民间组织的制度化谈判博弈机制，建立行业监管体系，从中观层面上走向理性的区域交融和产业整合；通过企业间的市场化调节机制，构建产业结构体系，从微观层面上提升资源配置的区域一体化优势。

就浙江海洋文化旅游资源整合发展而言，应该重点发挥政府的作用。我们认为，可制定浙江区域统一的旅游管理法规和旅游产业发展政策，确定浙江海洋旅游业的发展战略，进一步加大政策支持力度，重点研究地接市场开放政策、旅游交通准入政策、旅游企业开放政策、旅游汽车异地租赁政策、旅游资源重组配置共享政策、旅游产品开发鼓励政策，用制度和政策保障浙江海洋文化旅游一体化的进程，为区域旅游经济发展营造一个良好的体制环境和政策环境。同时组建区域旅游行业协会，充分发挥协

会的各项功能和作用，实行浙江区域旅游协会联合例会制度，加强联系和协调，促进浙江海洋旅游业共同发展。

二、深入挖掘海洋文化资源，增强发展潜力

增加海洋文化产品的种类与数量，提高海洋文化产品品质，是不断深化浙江海洋文化旅游发展的基础性条件。随着社会经济的发展，人们对海洋文化需求的增加，对海洋文化的认识也会逐步深化，我们应该把原先不被看好的海洋文化资源逐步开发成海洋文化产品，以满足日益扩大的精神需求，以增强海洋文化旅游的发展潜力。

（一）深度挖掘海洋文化内涵

把海洋文化作为经济发展的重要载体，通过整合、提炼、融入，提升文化的商品属性和价值，将文化优势转化为经济优势，创造新的经济增长点。近年来，宁波象山县集中力量，保护发掘了塔山文化遗址、海防遗址、古陶窑、古沉船等文物点，整理重现了象山锣鼓、龙灯、鱼灯、竹根雕、渔歌号子、剪纸等民间文化和赵五娘、陶宏景等民间传说。大大丰富了象山海洋文化的内涵，也为海洋文化旅游发展奠定了基础。

（二）强化旅游的文化意识

旅游业是文化性很强的经济产业，浙江旅游业的发展是否能保持其旺盛的竞争力、吸引力和生命力，我们认为关键是看海洋文化涵量、水准、品位的挖掘、提升和张扬。要树立以文化取特色，以文化论品位，以文化定效益的理念和意识，努力将海洋文化这个极具感召力和亲和力的文化符号，作为经营资本、精神产品保护好、管理好、经营好、销售好，并运用各种生动的、形象的、艺术的手段和形式，通过各种事和物注入到旅游中去，让更多的人参与，把浙江海洋文化打造成名副其实的著名文化品牌。

三、加强区域内外联合、海陆联动，推动浙江海洋文化旅游业持续发展

（1）海洋经济是一种陆海联动的经济，海洋旅游的发展和布局必须实现陆海联动。海上旅游和沿海陆域旅游必须进行资源整合，包括自然景观和人文景观的整合、旅游功能和环境建设的整合，这样“有利于在资源开发中对资源进行全面规划、使资源在广

度上和深度上得到更加充分的开发，并有利于对外进行统一宣传、统一促销，有效地避免由于政策侵害所带来的内耗，满足旅游消费者的要求”。[①]浙江在海陆联动方面作出了有益探索。浙江省以舟山本岛为依托，以普陀山、朱家尖、沈家门“金三角”为核心，成功打造了“海山佛国，海岛风光、海港渔都”为特色的舟山海洋旅游基地。以嵊泗列岛为主体，加上部分岱山岛屿，建成了以海上运动、度假休闲、现代化大海港为特色的浙东北海上旅游板块；以嘉兴九龙山国家森林公园为主体，建成了历史文化和海滨浴场的浙北岸旅游板块；以宁波松兰山和韭山列岛自然保护区为主体，建成了海上垂钓和生态旅游为特色的浙东海旅游板块；另外还有以台州大陈岛为核心的浙中海上旅游板块和以温州南麂列岛国家及海洋自然保护区、洞头列岛为主体的浙南海上旅游板块。下一步的重点，应是以滨海城市为龙头，有序推进海洋旅游接待服务设施建设、交通设施建设、旅游区点建设，逐步实现海陆旅游的规划共绘、设施共建、市场共拓、服务共享、品牌共创。[②]

（2）加强区域内外资源整合，实现浙江海洋文化旅游产品协同开发，打造旅游精品。浙江海洋文化旅游业发展需要加强与沿海各县、市、区之间的合作，对一些跨区域的旅游景区、景点统一规划设计，合作开发旅游线路，优势互补，形成产品集群优势。另外，浙江的人文渊源与港澳旅游区有着合作的潜力，厦门的闽台通道和宁波、舟山都与台湾旅游市场有着联动的优势，浙江与其他滨海旅游城市均可建立合作关系。通过内外合作，浙江可重点开辟和包装以下海洋旅游线路（产品）：① 观音文化观光环线：沈家门—普陀山—桃花岛—沈家门；② 岛际环线：普陀山—嵊泗列岛—岱山岛—定海—桃花岛—普陀山、南麂岛—洞头岛—一江山岛—南麂岛；③ 陆岛环线：普陀山—上海—杭州—宁波—普陀山、温州—南麂岛—台州—宁波—舟山—温州；④ 东海、南海魅力游、滨海名城游等。[③]

四、突出海洋文化特色，实现区域旅游形象的协同

特色是旅游业的灵魂，没有特色就没有旅游的生命力。浙江各市海洋文化旅游的特色鲜明，主要表现在“渔、佛、城、岛、商、山”六方面。“渔、佛、城、岛、商、山”旅游资源优势互补，山海一色，城海相连，文商互补，六个特色相映成趣，相得益彰。如果将这些资源综合开发，有机结合，整体包装，组合成不同的旅游线路，形

---

① 王莹．旅游市场旅游消费的不断变化对区域旅游产生的影响．地域研究与开发，1995（2）：75-77。

②纪根立．把握趋势 立足长远 实现浙江海洋旅游新突破．http://www.tourzj.gov.cn，2006-11-20。

③ 周国忠．基于协同论、“点—轴系统”理论的浙江海洋旅游发展研究．生态经济，2006（7）：114-118。

成不同的旅游产品，就会产生倍增的效益。

同时，通过对浙东海洋文化旅游资源的梳理和分析，结合海内外客源市场对浙东区域海洋旅游已有的感知形象，如观音道场—普陀山，东方大港—北仑港，千岛之城—舟山，东方不老岛，海山仙子国—象山等。我们认为，浙东海洋旅游的整体形象可以定位为：山海经中的游乐天堂。这个形象定位，既涵盖了浙东区域独特海洋自然资源的特色，即山、海特色；又体现了丰厚的海洋人文魅力，即有关山海的文化内涵——“山海经”；同时“游乐天堂”更凸现了现代旅游者的注重参与、体验的个性需求。区域整体旅游形象的确立，为设计旅游形象主题词以及分类旅游形象主题词提供了准绳；也为对外宣传，塑造浙东区域海洋旅游整体形象奠定了基础。

五、迎合海洋旅游发展趋势，大力发展高端海洋旅游

海洋旅游业以其“3S”，即阳光(Sun)、大海(Sea)和沙滩(Sand) 为特色，成为旅游者休闲度假的主要追求。随着参与式、体验化旅游形态的兴起，“3N”，即去大自然(Nature)让自己处于大自然和谐完美的怀恋(Nostalgia)中，从而使自己的精神融入人间天堂(Nirvana)，正成为海洋旅游新的热点。而“3N”多为中高端旅游产品，这就要求当前浙江海洋旅游业的发展必须坚持高的起点，着重于中高端产品的建设。

综合浙江海洋旅游资源特色优势及其现有基础，重点规划建设“1 + 2 + 3”高端海洋旅游目的地，即以“舟山群岛”为整体品牌的长三角中高端海洋旅游中心，并力争逐步成为洲际亚热带海洋旅游中心；宁波、温州两个城市型中高端海洋旅游目的地；杭州湾北岸、象山港、三门湾三个特色中高端海洋旅游目的地（表 4-7）。重点培育“3 + 5”高端海洋旅游精品体系，即海洋休闲度假、海洋文化、海洋节庆会展 3 个大类；海洋游艇、海钓休闲、滨海高尔夫、私人度假岛、海洋主题公园 5 个专项海洋旅游产品。

表 4-7　浙江“1＋2＋3”高端海洋旅游目的地

序　号	名　称	战略定位	特色产品	主要景区
1	舟山群岛	长三角中高端海洋旅游中心、亚热带海洋旅游中心	海天佛国、海鲜美食、金沙碧海、海岛休闲度假、海鲜购物、海洋文化	普陀山“金三角”、“朱家尖国际旅游岛”
2	宁波	城市型中高端海洋旅游目的地	邮轮、海上丝绸之路文化演艺、多元宗教文化展示、海鲜美食	外滩（三江口）、溪口—雪窦山、天一阁、阿育王寺
	温州	城市型中高端海洋旅游目的地	邮轮、民营经济发展史展示等，以及丝绸、青瓷文化	雁荡山、南麂列岛、江心屿、五马街

续表

序号	名称	战略定位	特色产品	主要景区
3	杭州湾北岸	中高端海洋旅游目的地	滨海度假休闲、滨海高尔夫、钱江观潮、商务会议、购物旅游	平湖九龙山、盐官古镇、尖山休闲度假区、海宁中国皮革城、乌镇
	象山港	中高端海洋旅游目的地	港湾休闲度假、海岛疗养、海鲜美食、休闲渔业	奉化莼湖、宁海强蛟、大佳何镇
	三门湾	中高端海洋旅游目的地	海岸观光、海滨古城、渔村休闲、情景度假	石浦渔港、松兰山、中国渔村、花岙岛、蛇蟠岛、满山岛、健跳古城、伍山石窟

资料来源：周世锋，《海洋开发战略研究》，浙江大学出版社，2009 年。

六、加强资源保护，促进海洋文化旅游可持续发展

在进行海洋旅游发展的同时，会给生态环境带来一定的影响，因此为促进浙江海洋文化旅游的可持续发展，在进行旅游开发的同时也要加强对海洋文化资源的保护，正确处理保护与开发之间的关系。在开发过程中不能只注意近期经济效益，而忽视长远的环境效益，要维持海洋生态系统中各要素协调和有序的发展，做到海洋旅游开发的经济、社会、生态效益的统一，保持其可持续发展。我们可以借鉴印度尼西亚的巴厘岛、墨西哥坎昆、土耳其南安塔利亚等地的成功经验，采取“充分考虑本地区环境、经济和社会文化的平衡发展，严谨规划、认真实施”的综合开发模式，实现海洋旅游业的可持续发展。

第五章　浙江涉海博物馆产业发展

近年来，随着各种类型博物馆的发展壮大，为满足人们的文化需求提供了很好的选择。博物馆以其鲜明的特色和深厚的文化内涵为文化产业的发展提供了非常优质的资源。博物馆应当适应我国社会的发展需求，同时明确自己的发展目标与方向。博物馆和文化产业必须寻求高效率的合作与共赢，实现快速发展。

第一节　浙江涉海博物馆的内涵及外延

一、博物馆概念的提出和发展

典籍中最早出现“博物”是在《左传·昭公元年》中，即形容郑国大夫子产通晓众物。原文为：“晋侯闻子产之言，曰：‘博物君子也’”[①]。另《孔丛子·嘉言第一》中称孔子“博物”。原文作：躬履谦让，洽闻强记，博物不穷，抑亦圣人之兴者乎？[②]《列子·汤问》张湛注曰：夫奇见异闻，众所疑。禹、益、坚岂直空言谲怪以骇一世，盖明必有此物，以遣执守者之固陋，除视听者之盲聋耳。夷坚未闻，亦古博物者也。[③]又《汉书·楚元王传》的《赞》说：“自孔子后，缀文之士髗矣，唯孟轲、孙况，董仲舒、司马迁、刘向、扬雄。此数公者，皆博物洽闻，通达古今，其言有补于世。”[④]

博物馆一词来自于希腊语中的 muses（mouseion），指缪斯所在的地方。总体来看，西方博物馆的发展经历了从私人收藏到公共博物馆，再到各种新博物馆形式的产生这样一个渐进的过程。其起源可以追溯到公元前 3 世纪建于埃及亚历山大城内的亚历山大博

---

① 十三经注疏・春秋左传正义．北京：中华书局，1980 年影印版，卷四一“昭公元年”。

②（汉）孔鲋注，（宋）宋咸注．孔丛子．清嘉庆宛委别藏本，第 1 页。

③（春秋战国）列御寇撰，（晋）张湛注．列子，四部丛书景北宋本，卷五。

④（汉）班固撰．汉书，清乾隆武英殿刻本，卷三七。

物馆（Museum of Alexandria），即缪斯神庙。但现代博物馆体制的建立还要从18世纪公共博物馆的建立开始算起。第一座对公众开放的博物馆是英国的大英博物馆，它于1753年开始筹建，1759年1月15日对公众开放。

1946年，国际博物馆协会（英文名称International Council of Museums，ICOM）在法国巴黎成立。国际博协在1946年的成立章程中对博物馆进行了明确的定义：博物馆是指为公众开放的美术、工艺、科学、历史以及考古学藏品的机构，也包括动物园和植物园。1951年、1962年、1971年国际博物馆学会多次对博物馆定义加以修正。1974年的定义中提出了博物馆的性质和增加了博物馆的功能——博物馆是一个不追求营利的、为社会和社会发展服务的、向公众开放的永久性机构，为研究、教育和欣赏的目的，对人类和人类环境的见证物进行收集、保存、传播和展览。[①]2004年，国际博物馆协会又将物质和非物质的概念加入定义中，将人类和人类环境的见证物，改为人类和人类环境的物质和非物质见证物。从现在的博物馆的定义中我们可以看出博物馆已成为集文化遗产的收集、保存和展览、研究和教育等功能于一身的综合性机构。

西方博物馆建立之初被称为“世界陈列柜”（展示他文化）和“珍品展览柜”（收藏珍贵物品）。从大的知识背景和历史条件来看，公共博物馆是建立在现代主义的历史进步观和科学理性主义发展的基础之上。公共博物馆最初的责任之一是展示真实——不仅展示理性主义启蒙思想，还展示了线性时间观和进化论等。

随后，工业革命在欧洲迅猛发展，加快了城市化和现代化的进程。此时的博物馆成为解释这些变化和稳定人们情绪的场所，也对培养国家观念和建立新的社会秩序起到了重要作用。在社会变化加剧的欧洲工业时代，博物馆参与了社会秩序制定、个人行为管理、道德进步和国家观念的形成等。而今天的博物馆除了继续扮演其规范性的角色外，还为参观者们提供了体验历史和文化的机会，增进大众对他文化的理解。因此，博物馆也是维系地方感和认同感的重要因素之一。民族主义就是博物馆产生的一种重要而特殊的认同感。

19世纪，公共博物馆的建立是在民族—国家的形成中发展起来的。国家博物馆的出现就是一个很好的例证，它们与国家认同紧密连接，帮助人们认识国家是什么，并表述国家对国民的存在意义。每一次博物馆旅行都是一次国家认同和文化适应的旅程，每一个博物馆都在帮人们建立一种社会认同感和地理认同感，每一件器物都在为过去提供物质形式的依据、确定权威和建立集体记忆。

我国《省、市、自治区博物馆工作条例》中明确规定：博物馆是文物和标本的主

① ICOM官方网站 http://www.museum.or.jp/icom/hist_def_eng.html.

要收藏机构、宣传教育机构和科学研究机构，是中国社会主义科学文化事业的重要组成部分。博物馆通过征集收藏文物、标本，进行科学研究；举办陈列展览；传播历史和科学文化知识；对人民群众进行爱国主义教育和社会主义教育，为提高全民族的科学文化水平，为中国社会主义现代化建设做出贡献。

二、涉海博物馆的内涵及外延

我国自古以农业立国，重视土地的开发利用，对海洋的探索虽然历史久远，却一直没有将海洋作为最重要的资源加以利用。“如何站在海洋看海洋而不是大陆看海洋”是学术界值得研究和深入挖掘的历史话题。我国对海洋的研究起步较晚，研究成果主要集中在近几十年，且呈现出逐年增加的趋势，研究内容上更倾向于海洋文化的价值分析、保护方法和实践探索等。

涉海博物馆是以展示一个国家或一个地方海洋贸易、航海造船技术、港口变迁、船民传统习俗、海战等一系列与海洋相关联的活动状况为主的专题性博物馆，简而言之，就是反映海洋文化历史的博物馆。中国是一个辽阔的大陆国家，但它还是一个有着广袤海疆的海洋大国。我们拥有数千年的海洋文明史，在 16 世纪之前相当长的一段历史时期，中国人所创造的海洋文明遥遥领先于世界，为人类海洋文明史谱写了辉煌的篇章。

随着中国对海洋文化的研究日益加深，涉海博物馆开始受到重视，随着世界科学技术的突飞猛进以及人口膨胀、资源短缺、环境恶化等世界性问题的凸现，世界各国对海洋的认识逐步深化。海洋越来越显示出在资源、环境、空间和战略方面得天独厚的优势。世界各国普遍认识到，海洋将成为人类生存与发展的新空间，成为临海国家乃至内陆国家经济和社会可持续发展的重要保障，成为影响国家战略安全的重要因素。中国作为发展中的海洋大国，经济社会要持续发展，必须将开发和保护海洋作为一项长期的可持续的发展战略。建设一批涉海博物馆是实现促进海洋科技发展，提升海洋产业实力，维护国家海洋权益，保护海洋生态环境，顺应国际发展趋势，迎接海洋时代到来的需要。

中国的涉海博物馆应该成为向国内外展示中国的政治、经济、文化、海洋历史、海洋自然与环境、海洋现状与未来的重要窗口，体现中国作为海洋大国的国家海洋综合实力形象。我国陆地面积广大，人们长期的生产生活主要在大陆上进行，海洋意识相对淡薄，表现在海洋基础知识薄弱、海洋国土意识淡薄、海洋权益意识不强等方面。要实现建设海洋强国的目标，离不开全社会的支持和全民海洋意识的提高。博物馆通

过丰富的实物收藏、科学的研究成果、现代化的展示手段和各类活动，展现中华海洋文明历史和海洋自然环境及新时期和谐海洋的理念，传播有益于社会进步的思想道德、科学技术和文化知识，对于培养青少年的海洋兴趣、增强全民海洋意识具有重要的意义。

我国是世界海洋文明的先驱之一，一方面在漫长的人类社会历史长河中积淀了大量海洋文物资源；另一方面，长期以来的海洋科考和调查中所积累的大量海洋文物、实物和资料，同样也是宝贵的国家财富。这些珍贵的资源都是建立涉海博物馆的基础和前提。

根据国家文物局 2013 年度博物馆年检备案情况，中国的博物馆已有 4 165 家，从博物馆举办的主体看，国有博物馆 3 354 家，民办博物馆 811 家。而其中海洋类专门博物馆仅有 20 余家。例如中国海军博物馆、中国科学院海洋生物标本馆、镇海口海防历史纪念馆、浙东海事民俗博物馆等。按照有关博物馆类别的划分方式，从国内外类似博物馆的藏品和展示内容来看，上述涉海博物馆主要是反映海洋人文历史的海洋专题博物馆，而不是综合性的海洋博物馆。

中国的海洋博物馆尚处于发展的初级阶段，严格意义上的以海洋为主题，全面收藏、保护、研究、展示有代表性的、典型的、海洋人类活动和海洋自然环境见证物，全面涵盖海洋自然、海洋政治、海洋经济、海洋科技、海洋安全、海洋文化等广泛领域内容的综合性海洋博物馆在中国更是少之又少。但现阶段大量珍贵海洋资料，特别是文物资源散落于不同地方、不同机构中，因此，对涉海博物馆的研究是非常有必要的。本章所探讨的涉海博物馆主要包含：沿海地区的综合性博物馆，中国沿海城市经济发达，交通便利，大都建立有综合性博物馆，这些沿海城市的综合性博物馆中有大量的海洋人类活动和海洋自然环境资料，但是资料和研究相对分散；海洋专题博物馆，主要指反映海洋自然、人文历史的海洋专题博物馆，内容专业性强；涉海名人纪念馆，如戚继光纪念馆，文天祥纪念馆；涉海非国有博物馆，大都为私人、企业创办，突出海洋文化的娱乐性和趣味性，在宣扬海洋文化的同时推广旅游和相关产品。

第二节　浙江涉海博物馆分布与产业发展

一、浙江涉海博物馆分布

浙江沿海城市（含县、市、区）主要有：杭州市（钱塘江河口城市）、宁波市（市区、慈溪市、余姚市、象山县、宁海县）、温州市（龙湾区、乐清市、瑞安市、平阳县、洞头区、苍南县）、嘉兴市（海宁市、海盐县、平湖市）、绍兴市（杭州湾城市：柯桥区、上虞市）、舟山市（2区2县）和台州市（三门县、临海市、椒江区、路桥区、温岭市、玉环县），这些城市涉及海洋的博物馆各有特色。浙江省沿海县市的博物馆资料见表5-1。表5-1中包括博物馆名称、博物馆概况、地址和博物馆性质。整理的博物馆仅限于在2015年浙江省文物局公布的浙江省博物馆（纪念馆）名录中收录的博物馆，未在名录中收录的博物馆暂未整理。

表5-1　浙江涉海博物馆基本情况一览表

博物馆名称	博物馆概况	地　址	博物馆性质
杭州			
浙江省博物馆	浙江省博物馆是国家一级博物馆。浙江省博物馆是浙江省内最大的集收藏、陈列、研究于一体的综合性人文科学博物馆。举办过涉海专题展览，有涉海研究并有论文发表	杭州市孤山路25号、杭州市下城区西湖文化广场	国有博物馆
浙江自然博物馆	历史悠久的大型综合性自然博物馆，对浙江省海洋自然资源有丰富的收藏，研究成果丰硕	杭州市下城区西湖文化广场6号	国有博物馆
中国水利博物馆	中国水利博物馆是水利部直属的国家级行业博物馆。有关于海洋水利事业的馆藏和展览	杭州市萧山区水博大道一号	国有博物馆
杭州博物馆	杭州博物馆是一座反映沿海城市杭州历史变迁的人文类综合性博物馆	杭州市上城区粮道山18号	国有博物馆
杭州市萧山跨湖桥遗址博物馆	馆藏距今8 000—7 000年迄今发现的世界上年代最早的独木舟	杭州市萧山区湘湖景区湘湖路978号	国有博物馆
杭州市萧山区博物馆	沿海地区综合性的博物馆	杭州市萧山区北干山南路651号	国有博物馆
浙商博物馆	博物馆反映了浙商漂洋涉海的历史历程	杭州市西湖区教工路149号	国有博物馆
杭州市萧山区湘湖吴越古文化博物馆	展出有沿海地区的风俗和文物	杭州市萧山区文化路104号	非国有博物馆

续表

博物馆名称	博物馆概况	地　址	博物馆性质
	宁波		
宁波博物馆	宁波博物馆是宁波城市文化的核心与窗口。它是以展示人文历史、艺术类为主，具有地域特色的综合性博物馆	宁波市鄞州区首南中路1000号	国有博物馆
中国港口博物馆	宁波中国港口博物馆承载交通运输行业文化的核心价值理念，定位为以港口文化为主题，集展示、教育、收藏、科研、旅游、国际交流等功能于一体，体现国际性、专业性、互动性、娱乐性的我国规模最大、等级最高的综合性大型港口专题博物馆，是传承港口历史、港口文化的文化基地，成为传播海洋文明、现代科技、承袭交通运输行业文化渊源的重要平台	宁波市北仑区新碶街道中河路37号	国有博物馆
浙海关旧址博物馆	浙海关在“五口通商”后，是当时旧中国的四个海关（江海关、浙海关、闽海关、粤海关）之一，浙海关旧址博物馆是浙江省省级文物保护单位，是宁波外滩近代建筑群中较早的精彩实例	宁波市江北区中马路542号	国有博物馆
宁波市张苍水纪念馆	南明兵部尚书张苍水，为了维护南明政权，辗转于苏皖浙闽一带，沿海地区及岛屿都有其活动经历	宁波市海曙区苍水街194号	国有博物馆
宁波帮博物馆	宁波历史文化底蕴和开放的海洋性格兼具的人文地理特征，造就了宁波帮这个秉承传统而又开拓创新的群体，宁波帮与海洋有不可割裂的联系	宁波市镇海区庄市街道思源路255号	国有博物馆
镇海口海防历史纪念馆	镇海口海防遗址的专题性纪念馆。其中以1885年镇海抗法保卫战为陈列重点内容，共由六部分组成，分别为序厅、抗倭厅、抗英厅、抗法厅、抗日厅、现代海防厅，全面展示了自明中叶以来镇海军民抗击倭寇和抗英、抗法、抗日的真实史迹，反映了中国人民不畏强暴，前赴后继，自强不息的民族精神	宁波市镇海区沿江东路198号	国有博物馆
浙东海事民俗博物馆	位于三江口东岸的庆安会馆，又名天后宫，是中国八大天后宫和七大会馆之一。主要反映浙东海事民俗	宁波市江东北路156号	国有博物馆
慈溪市博物馆	沿海地区综合性的博物馆	慈溪市浒山街道寺山路352号	国有博物馆
余姚博物馆	沿海地区综合性的博物馆	余姚市龙泉山西麓广场	国有博物馆
余姚河姆渡遗址博物馆	反映了7 000年前长江流域氏族的情况，其中先民驾驭舟楫，开展水上活动。遗址共出土了8支木桨，这是目前所知世界上最早的水上交通工具。遗址出土的大量动植物遗存中以水生动植物为多，特别是鲨、鲸、裸顶鲷等海生鱼类骨骸的发现，证明河姆渡先民已经凭借舟楫将活动范围扩大到江河及近海地区，这在经济活动和与外界交往中有重要意义	余姚市河姆渡镇芦山寺村	国有博物馆

续表

博物馆名称	博物馆概况	地　址	博物馆性质
宁波市鄞州滨海博物馆	收藏并展示了自宋、明以来的珍贵铜器、瓷器、书画、民俗、标本等，展示滨海大嵩地区在抵御外侮、开垦疆海、推兴盐业、赶海觅鲜、盐田开发等方面所发生的历史沿革，展现了该区域独有的人文传统和风俗习惯	宁波市鄞州区滨海投资创业中心合兴路 188 号	国有博物馆
象山县烈士革命纪念馆	反映海上革命斗争以及沿海人民的英雄事迹	象山县丹城镇北门东澄河路	国有博物馆
余姚市大呈博物馆	沿海地区私人博物馆	余姚市梁弄开发区中兴路 1 号	非国有博物馆
慈溪市上林遗风博物馆	研究中国青瓷文化的重要基地，“海上陶瓷之路”的起航点，有 200 多处古窑址和满地的碎瓷片，作为目前世界上最大的青瓷“露天博物馆”，反映海上瓷器贸易	慈溪市浒山街道世纪花园 21 号	非国有博物馆
慈溪市珍丽民俗博物馆	反映沿海地区民风民俗的私人博物馆	慈溪市白沙路街道三北大街 2323-2327 号	非国有博物馆
慈溪浙东陶瓷博物馆	反映古代海上瓷器贸易	慈溪市慈甬路 1888 号	非国有博物馆
宁海县海洋生物博物馆	一家公助民营博物馆，除展示和科普教育功能外，亦将打造成为国内海洋生物研究的重要基地，分珊瑚类、贝类、鱼类、甲壳类四大展区。馆藏了 800 多件海洋生物标本。其中珊瑚标本就达 150 余件，其品种和数量均居全国同类博物馆之首	宁海县强蛟镇旅游集散中心旁	非国有博物馆
宁海环球海洋古船博物馆	收藏展示船舶模型，系统、形象地再现了世界各地造船技术的发展历程，真实地反映了我国近现代造船技术在海洋交通、海洋开发、远洋渔业等领域中发挥的巨大作用	宁海县强蛟镇	非国有博物馆
温州			
温州博物馆	温州博物馆是一所综合性地方博物馆，创建于 1958 年	温州市鹿城区市府路 491 号	国有博物馆
温州文天祥纪念馆	反映南宋民族英雄文天祥一生与海洋的不解之缘	温州市鹿城区江心屿	国有博物馆
温州市龙湾区文博馆	沿海地区地方综合性文物博物馆	温州市龙湾区机场大道 501 号	国有博物馆
瑞安市博物馆	沿海地区地方综合性博物馆	温州市瑞安市罗阳大道瑞安广场东首	国有博物馆
平阳县博物馆	沿海地区地方综合性博物馆	平阳县昆阳镇西城下南路 8 号	国有博物馆
苍南县博物馆	沿海地区地方综合性博物馆	苍南县灵溪镇车站大道 563—583 号	国有博物馆
乐清市博物馆	沿海地区地方综合性博物馆	温州市乐清市乐成街道乐湖路 26 号	国有博物馆

续表

博物馆名称	博物馆概况	地　址	博物馆性质
龙湾区永中白水民俗博物馆	反映沿海地区盐业、渔业、经商、手工业、婚俗、岁俗、祭祀等，反映浙江民俗文化及经济发展涉及沿海地区生产习俗、商业、手工业习俗、生活习俗、婚庆礼仪、岁时风俗、祭祀礼仪	龙湾区永中白水民俗博物馆	非国有博物馆
	嘉兴		
嘉兴博物馆	嘉兴博物馆是一座集收藏、研究、展示和教育于一体的综合性人文科学博物馆	嘉兴南湖区海盐塘路485号	国有博物馆
平湖市博物馆	平湖市博物馆属综合性地志博物馆，是一个集收藏、保护、研究、教育、考古调查等功能于一体的公益性全民事业单位，是嘉兴市爱国主义教育基地，平湖市科普教育基地	平湖市当湖街道新华南路372号	国有博物馆
海盐县博物馆	海盐县博物馆下设绮园、千佛阁、云岫庵三个文保所，并协助县文管会兼顾全县范围内的文物保护、调查工作及一个全国重点文物保护单位、两个省级文物保护单位、11个县级文物保护单位和20多处文保点的管理和业务指导	海盐县武原街道新桥北路122号	国有博物馆
海宁市博物馆	沿海地区地方综合性博物馆	海宁市西山路542号	国有博物馆
嘉兴船文化博物馆	嘉兴市委、市政府、浙江省交通厅、省港航管理局、嘉兴市交通局的支持下，由嘉兴市港航管理局承办嘉兴船文化博物馆，船文化博物馆展示内容分四大块：舟船史话、水乡船韵、名船世界、船舶科技	嘉兴市南湖区栅堰路278号	国有博物馆
嘉兴地方党史陈列馆	沿海地区地方史志博物馆	嘉兴新塍中北大街11号	国有博物馆
浙江东方地质博物馆	展出部分海洋生物化石，海洋矿产	嘉兴市南湖区广益路555号国际中港城五楼	非国有博物馆
	绍兴		
绍兴博物馆	绍兴市文物管理局直属的地区性综合类博物馆。省、市爱国主义基地，市科普教育基地	绍兴市越城区偏门直街75号	国有博物馆
上虞博物馆	沿海地区地方综合性博物馆	绍兴市上虞区人民中路228号	国有博物馆
	舟山		
舟山博物馆	舟山博物馆系综合性地志博物馆。有“舟山文物史迹”“舟山海洋渔业”两个基本陈列室，陈列舟山境内出土文物、鱼类标本、各式渔船模型数百件；一个临时展览室不定期举办各类专题展览。1987年10月被中国自然科学博物馆协会接收为团体会员	舟山市定海区环城南路453号	国有博物馆

续表

博物馆名称	博物馆概况	地　址	博物馆性质
中国海洋渔业博物馆	中国海洋渔业博物馆以海岛渔民生产的渔具展示和生产过程为主题，弘扬岱山几百年来沉淀的“渔文化”。其以具有古镇风情的明清四合院建筑为馆址，以原海曙楼藏品为基础的工程已于2004年5月18日落成开馆，建筑面积1 200平方米，投资200万元，主要以室内静态展示为主，馆内摆放了海曙楼收藏家赵行法先生近20年来收集的近1 000种(件)的藏品，包括反映舟山近代渔业史的实物，具有强烈的海岛渔业风情和视觉冲击力，成为青少年、县内外游客了解海洋生物、了解渔业发展的一大窗口。① 海洋资源陈列，分“海洋是生命的摇篮”“富饶的舟山渔场”“舟山海鲜享誉全球”三方面内容。在“海洋是生命的摇篮”中，陈列着海洋世界中五彩缤纷、形态各异的鱼类剥制标本等；② 海洋捕捞陈列，分“生产工具——渔船与网具”“渔港”“捕捞作业方式”“资源保护与安全生产”四方面内容。③ 贝壳博览展，分贝类知识和日本常石造船株式会社社长神原真人赠送的贝类标本二大块。第一大块展出部分有代表性的贝壳和贝壳工艺品，分贝类生活与习性，贝壳特征与分类，贝类价值与利用三个部分，较系统地介绍有关贝类知识；第二大块展出了日本赠送的贝类标本763个品种，1 199件。④ 旧的生产关系和渔民生活，独特风情习俗陈列	东沙解放路北段西侧	非国有博物馆
中国盐业博物馆	岱山的贡盐闻名遐迩，“渔猎煮海”的历史有4 000多年。中国海盐博物馆是凸显盐文化主题，将盐文化历史再现，并加以保存流传的旅游景观。一期总面积5 500平方米，总投资500多万元，中国盐业博物馆建筑造型别致，陈展内容丰富，陈列形式新颖，服务设施完备，参观环境优雅，包括展陈区、教育研究区、综合服务区、中央控制区等。展陈区包括基本陈列、全景画馆、场景展示、艺术陈列、临时陈列等。展品内容包括三个部分：一是制盐工艺厅，设计全套的制盐过程，让游客了解制盐的操作工艺；二是盐雕展览厅，以盐为原料制作盐民劳动、斗争、生活的雕塑群；三是制盐劳动资料实物展览厅，陈列从“煎煮”“板晒”“滩晒”制盐工艺演变中的盐业各种劳动工具和科技应用的文字、图片、实物等。在该厅中还将设置一晒盐小型机械，可以让参观者当场进行制作，10~15分钟可得到作为纪念品的小型盐块。中国海盐博物馆还将设科研示范滩涂0.8~1公顷，供旅游者实地观测和劳动体验	岱山县高亭镇南浦	非国有博物馆

续表

博物馆名称	博物馆概况	地　址	博物馆性质
中国岛礁博物馆	中国岛礁博物馆共由面积大于500平方米的134个岛屿和69个海礁组成，其中126个岛是环境未遭破坏的原生态岛，海域总面积约420平方千米。岛礁博物馆将海岛景区资源进行适当的分类和整合，开发游船观光、海上垂钓、荒岛探险、海上娱乐等项目。集海上观光、海岛保护与海洋科普于一体		非国有博物馆
舟山市普陀区博物馆	舟山博物馆是市（地）级地方性综合博物馆，创建于20世纪50年代后期。常设“舟山史迹陈列”“舟山海洋渔业陈列”“馆藏文物陈列”等固定展厅七个，馆藏文物以古动物化石、海洋渔业生物标本为特色	舟山市普陀区沈家门街道缪家塘路50号	国有博物馆
岱山海洋文化博物馆	岱山海洋渔业博物馆是在高亭镇闸口一村渔民赵行法先生近30年收藏的海洋渔文化实物及近现代渔业史料的基础上建立的，坐落在昔日大黄鱼故乡，是一座以海洋渔业生产为主的专题性博物馆。该馆实行股份制，公司化运转	岱山县高亭镇人民路97号	国有博物馆
舟山鸦片战争纪念馆	纪念馆主要陈列了定海两次保卫战的历史文物、图片资料等。2001年6月，被中宣部命名为全国爱国主义示范基地	舟山鸦片战争遗址公园	国有博物馆
舟山市普陀区五匠博物馆	反映沿海地区手工业传承和历史的博物馆	舟山市普陀区展茅街道干施岙村中横路1号	国有博物馆
定海马岙博物馆	位于定海区马岙街道的马岙博物馆是浙江省第一家乡镇级博物馆，有工艺精湛的民俗文物，还有罕见的天落奇石——石陨石等丰富多彩的展品，生动形象地勾勒了马岙5 000多年文化的形成和发展，描述了马岙古文化的形成和发展，描述了马岙古文化与河姆渡、良渚文化以及东瀛文化的渊源关系，介绍了舟山海盐生产的历史和工艺流程	舟山市马岙白马街199号	国有博物馆
舟山名人馆	海岛城市舟山雄踞要津，名士辈出，展示海岛城市著名人物	舟山市定海城区总府路132号	国有博物馆
中国灯塔博物馆	中国灯塔博物馆一期建成的是一个主展馆和按1∶1比例建造的6只世界著名的景观灯塔，是国内第一个以灯塔为主题的旅游景区。主展馆分展示区、航海驾船模拟室、登塔观光区和休闲区，馆内珍藏实物60余件，展示世界各国的灯塔图片300余幅。创造了一个品味高、特色强、环境雅、项目新、独具文化色彩的观光休闲度假胜地。中国灯塔博物馆二期建设将以城市分区组成部分的形式，分布在竹屿新区二条走廊（滨江观光休闲走廊、中轴主干文化走廊）和三个核心区（山体生态游览区、商业服务设施区、居住配套区）之中，各区域相互呼应、相互渗透、相互穿插，将来自不同国度、具有多国风貌、多国建筑特征、体现多国民族文化的30多座灯塔按比例缩小，放置在各区域，兼具照明、观光、提升海洋文化内涵的作用。预计总投资3 000万元	岱山县城竹屿新区	非国有博物馆

续表

博物馆名称	博物馆概况	地　　址	博物馆性质
岱山海曙综艺珍藏馆	以“舟山海洋渔业文化近代史”系列为基础扩建，馆内汇集海洋渔业，融和民俗文化、科普教育、趣味旅游于一体，渗透着浓浓的渔家风情。整个陈列既是一部海洋渔业文化的演变史，也是一部鲜活的近现代渔业发展史，是弘扬地方民俗文化和中华民族精神，传播海洋渔业科学文化知识，提高国民综合素质和对青少年进行爱国爱乡教育的基地	岱山县高亭镇银舟公寓 14 号楼(海曙楼)	非国有博物馆
中国台风博物馆	台风博物馆建筑总面积 5 000 平方米，工程总投资 2 500 万元，是一座集科普、科研、旅游于一体的多功能博物馆。目前已建成一期与二期工程，博物馆一期占地面积 2 500 平方米，建筑面积 1 065 平方米，工程投资 500 万元。馆内设亲切关怀、台风危害、抗台救灾、台风科研等五大部分。它运用数据、图片、实物、台风模拟、台风科普投影片等手段，较好地演绎了台风产生、发展与消亡之过程，再现中国乃至全球风之灾场景，展示党和人民众志成城之大举。二楼观台厅内还设波浪观测试验站，对海塘遭遇台风风暴时的情况进行实时监测，并通过信息系统将图文传输到省、市、县防汛指挥机构	岱山拷门大坝北坝	非国有博物馆
中国海防博物馆	中国海防博物馆地势险峻，依山沿海而建的绿色城墙掩映在茂密的丛林中。博物馆规划整馆用地面积约 46 280 平方米，一期投入 250 余万元，整个园区建设有中心展览区、边缘展览区、隧道展览区、休闲旅游区等四大区域，中心展览区主馆占地 650 平方米，主要有 600 余幅图片和一些模型，展示了近代、现代的海防史，特别是舟山的海防历史。各分区之间通过地形、树种、道路布置，利用衍生的视觉效果、声音图像环境，合理组织，有机连接，并满足地形场地不适合建造面积较大的硬地的需求。根据规划，二期将开发多种参与模拟性项目，在实体军舰设置虚拟射击场、抢滩登陆战等项目，在室外开辟抢占珍宝岛、丛林野战营等项目，在隧道展览区开发隧洞战等。在北部海湾，辟海钓休闲区和观潮点，南部小沙滩设烧烤营区。山顶斜坡密植樟树和灌木丛，以生态森林展现在游客面前，让游客有个漫步、观景、嬉戏的好去处	岱山本岛黄嘴头东南	非国有博物馆
台州			
台州市椒江区戚继光纪念馆	戚继光在东南沿海抗击倭寇 10 余年，扫平了多年为虐沿海的倭患，确保了沿海人民的生命财产安全。戚继光又是一位杰出的兵器专家和军事工程家，他改造、发明了各种火攻武器；他建造的大小战船、战车，使明军水路装备优于敌人；他的一生在中国海洋史上有重要意义	台州市椒江区戚继光路 100 号	国有博物馆

续表

博物馆名称	博物馆概况	地　址	博物馆性质
三门县博物馆	负责全县的文物调查、征集、藏品保管、陈列展览和宣传保护等工作	三门县海游镇玉城路 8 号	国有博物馆
临海市博物馆	临海市博物馆是综合性历史文物博物馆	临海市东郭巷 73 号	国有博物馆
台州市路桥区博物馆	沿海地区地方综合性博物馆	路桥街道翼文苑 38 幢 203 室	国有博物馆
临海市古城博物馆	沿海地区地方综合性博物馆	临海市北山路 2 号	国有博物馆
玉环县龙山民俗博物馆	沿海地区地方民俗博物馆	玉环县玉城街道外马道村龙山乐园	非国有博物馆
临海市梦宝来民俗博物馆	沿海地区地方民俗博物馆	浙江省临海市望江门平海楼	非国有博物馆

资料：根据相关资料整理而得。

二、浙江涉海博物馆产业现存问题分析与开发对策

我国是一个海洋大国，有着悠久的海洋自然资源和人文历史，我国沿海分布着众多与海洋相关的历史遗存，这是为全人类所共有的自然和文化遗产。幅员辽阔的神州大地与浩瀚的海洋共同成为中华民族的大舞台。然而，我国海洋文化遗产保护与国民海洋意识教育工作起步较晚，截至 2013 年，中国已建成博物馆 4 165 座，而海事博物馆所占份额不到 1%。由于历史和社会的诸多原因，海洋舞台所主演的历史剧远不如大陆舞台那么为人关注。中国近 300 年来海洋事业落后于世界潮流，由于中国的大陆文明更为人所熟知的缘故，以至在许多人眼里中国只是一个“大陆国家”，持这种看法的学者国内外皆有之。就在几十年前，有些欧洲学者甚至大肆宣扬中国人是不善于航海的民族。其实，即使到今天，我们的国民心中依然普遍缺乏“蓝色国土”的意识，以往的中小学课本向人们灌输的“国土”概念，只讲 960 万平方千米的陆地国土面积，却忽视了 18 000 千米的大陆海岸线，而凭这些，根据《联合国海洋法公约》的规定，中国所管辖的海域总面积达 300 多万平方千米，并可分享公海的资源和权益，这是一笔无可估量的财富，也是我们未来可持续发展极其重要的源泉。因此，加强宣传和普及中国的海洋文化和海权意识，增强国民的海洋观念，已经是今天的当务之急了。

浙江省作为海洋大省应重视对海洋博物馆的研究。在诸如全球化、持续发展和旅游业等诸多社会文化和经济现象中，海洋文化都扮演着重要的角色。作为海洋大省，与浙江省自然条件相类似的海洋地区和国家都在最大限度地保存着本地区的独特的海洋文化，并将其内涵广泛传播。世界历史一再表明，一个海洋区域如不重视海洋宣传、开发和经营，势必影响该区域的社会进步与历史发展。今天的世界，随着人口的

迅速膨胀，人类对陆地资源无节制地开发，为眼前利益而不顾周围环境的破坏，人们已经日益感到资源的匮缺和环境的恶化。于是，人类又一次不约而同地将目光投向海洋。20 世纪后期，国内外的许多有识之士根据世界经济、政治的发展态势，提出了人类重返海洋的必然性，也提出了 21 世纪是海洋的世纪。许多国家和地区都在努力挖掘自身传统的海洋文化，并将它们很好地同传播民族的文化和开发旅游资源有机地结合起来。相对于国外涉海博物馆不减的发展势头，相对于他们宣传自身海洋文化的积极姿态，作为海洋大省的浙江也应该积极行动起来。

聚焦浙江省涉海博物馆，我们可以看到，虽然浙江省已经具有一定数量的涉海博物馆，有些在全国也具有一定声誉，但是，浙江省的涉海博物馆在发展过程中仍存在一些问题，如建设与运营问题、涉海博物馆藏品问题、人才体系和科研问题以及非国有涉海博物馆的问题等。

（一）涉海博物馆建设与运营问题

海洋文明是人类文明的重要组成部分，世界上许多濒海国家和地区，无论其航海历史长短，大多建有反映本民族海洋文明进程的专门性博物馆。如美国和加拿大的历史都不算长，但他们不失任何机会地宣扬点滴的航海历史。在美国，其濒洋的各州多建有自己的涉海博物馆，如康涅狄格州的米斯提克海港博物馆就是一个知名的海事博物馆，它再现了 19 世纪当地美国渔民的海上生活，使游客从中增长不少的航海知识；在加利福尼亚州，有洛杉矶海事博物馆和圣地亚哥海事博物馆等。加拿大的大西洋海事博物馆和圣巴巴拉海事博物馆同样著名。尽管这些博物馆成立的时间不长，展示的内容有限，但是它们大多已经形成系统化的组织体系，设有会员俱乐部、海事研究会等，显示了他们研究人类海事活动历史的成果。

浙江沿海分布着许多著名的古港，其中大多数依然是当今中国通往国际的重要港口，譬如宁波、舟山等等，它们都曾以耀眼的光彩，为世人所注目。据史料记载，早在春秋战国甚至更早的时期，浙江省沿岸就出现过海上活动；夏商周时代，先民们就乘船抵达了朝鲜半岛和日本，将先进的中华文化传播到那里，日本弥生时代开始使用铁器进行农耕，就是受中国的影响；传说在殷商时期，有数十万人沿东南沿海和北方海域，漂到美洲；7 000 年前，从浙江河姆渡经舟山到台湾的航线业已形成；明州（今宁波）仰仗河姆渡文化之发祥，有着 7 000 多年的海洋文明史，与日本通商早于其他港口。浙江众多沿海城市在古代不同的历史时期扮演了不同的重要角色，它们又都在中华文化的大环境下塑造了带有浓郁地方特色的海洋文化。

不无遗憾的是，作为一个海洋大省——浙江省没有一个大型涉海综合博物馆，浙

江的涉海博物馆或者规模太小，体现的仅是发生于当地的海洋故事；或虽在沿海的大多数历史综合类博物馆中对此也有所体现，然而都是作为其中的一个陈列部分，一笔带过，自然难以全面深刻地反映其海洋文化的内涵。

大型综合性涉海博物馆作为科学性、权威性的工作平台，通过收集和整合浙江人类海洋活动和海洋自然环境发展、变迁的见证物，能够打破目前因条块分割和时序离散带来的海洋类博物馆藏品资源的缺失、冗余和信息错位等状态，建立有效的海洋博物馆藏品收藏、研究、配置、利用和共享机制。通过与国内外相关机构进行广泛地合作与交流，充分利用浙江海洋博物馆的功能，扩大我国在参与国际海洋事务，研究、开发、保护和利用海洋方面的国际影响力。因此，浙江省应该建有一座与浙江海洋大省地位相匹配的综合性海洋博物馆。

然而，目前的情况是，浙江省尚没有一家能全面体现在海洋方面的综合实力，以海洋为主题，全面收藏、保护、研究、展示有代表性的、典型的、海洋人类活动和海洋自然环境见证物，全面涵盖海洋自然、海洋政治、海洋经济、海洋科技、海洋安全、海洋文化等广泛领域内容的综合性涉海博物馆。2008 年 2 月国务院批准实施的《国家海洋事业发展规划纲要》中，明确要求“抓紧国家海洋博物馆等海洋科普场馆建设”。建设省级海洋博物馆，是贯彻落实科学发展观、迎接海洋时代到来的需要。建设国家海洋博物馆，对于加强浙江省海洋科普能力建设，传承海洋历史文明、保护人类海洋活动和海洋自然环境见证物资源，整合海洋文明资源信息将发挥出重要的作用；是增强全民海洋意识不可或缺的重要手段；是实现促进海洋科技发展，提升海洋产业实力，完善博物馆体系，填补浙江省综合性海洋博物馆空白的重要举措。此外大型综合性海洋博物馆可通过收集典型的海洋自然物标本及图书资料开展有关领域的科学研究，进行相关的海洋知识的教育与普及、交流与传播。海洋博物馆作为反映国家海洋自然科学意识的重要场所，要借鉴国际知名自然历史博物馆的运作经验，明确定义典型的自然物藏品收集方向，在开展相关领域的研究方面逐步与国际水平接轨。在致力于海洋物理学、海洋地质学、海洋生物学、海洋地球化学、海洋生态学、海洋环境学等海洋自然科学科普教育的同时，能够代表国家在其从事的海洋自然探索和利用研究领域以最高成就与世界对话。

此外，浙江省有许多新的涉海博物馆也在筹划和建设之中。博物馆建设热潮的出现，一方面体现社会经济带动文化事业发展，另一方面也展现了社会公众文化遗产保护和传承意识的提升。但是，在这股博物馆建设的热潮下，也出现了一些令人担忧的现象：有的馆建成后门可罗雀，有的馆干脆开馆之日即是闭馆之日，造成资源的浪费。追其根源，就在于博物馆建设的同时，未深入研究建成后的运营问题。

因此，涉海博物馆的建设应充分考虑运营问题。特别是涉海博物馆多选择滨海地区，远离中心城区，也存在着游客来源问题。涉海博物馆建设项目启动的同时，要充分考虑到未来运营客源问题。为更好完成海洋博物馆这一文博宣传教育平台作用，扩大国家海洋博物馆展览的受众面，提高博物馆资源的利用率，应该将公益事业与文化产业有机结合，通过特色的商贸、娱乐项目吸引更多的客流至博物馆参观。

（二）涉海博物馆藏品问题

浙江省是海洋文明的先驱之一，在漫长的人类社会历史长河中积淀了大量海洋文物资源，许多已收藏在各类非海洋博物馆中。由于这类博物馆自身功能定位的限制，这些资源不能得到充分利用。长期以来，为从事海洋调查和科研工作，我国相关单位也积累了大量的海洋的文物、实物和资料，这些都是宝贵的国家财富。目前大多研究过程已经完成，但这些文物资源仍散落在相关单位中，结果不仅没有使它们发挥出更大的作用，而且可能由于保管不善，导致文物丢失或损坏。因此，整合和保护这些文物资源同样迫在眉睫。目前，浙江虽然有许多古港城市，但是这些港口随着时代的发展，科学技术的不断进步，生产设备的日益更新，大量与古代传统海事活动有关的具有重大历史价值、科学价值的东西，若不赶快加以保护和搜集，其文物将很快因各种破坏而消亡，而这种破坏和消亡是不可逆的，后果无法挽回。

反观西方国家，大航海时代以来，造船和航海成为人们所追求和创造的目标与动力，制作各种船模成为一种时尚。1801 年，法国的巴黎航海博物馆正是在此基础之上而建立的，这里陈列了自 17 世纪中叶以来法国各阶层人士制作的各种船模和航海仪器以及一些名家的航海美术作品，这个博物馆也是法国规模最大的航海博物馆，它以法国人独特的视角，将航海知识寓于艺术之中，展出的数千件陈列品中，有不少为举世罕见的珍品，而许多著名航海家的手稿，为后人研究航海史提供了珍贵的资料，这些都足以让观众感受到对航海事业所怀有的强烈情感。随着近代世界局势的变幻，海洋成了各国角逐的舞台，越来越多的国家和人民注意到了海上活动给人类带来的翻天覆地的变革，于是，世界上出现了许多与海上活动相关的博物馆，不少著名的涉海博物馆因此诞生了。譬如，英国国家海事博物馆珍藏着大量藏品，其中有从古至今的 75 000 件绘画、素描和印刷品，有 2 500 艘各种船只模型、3 600 件航海仪器、40 000 张海图、500 000 张海船设计图和 500 000 张历史照片，有实际使用过的船只和相关物品，包括非常豪华的大型游艇、海军的制服、刀剑、勋章及私人物品，还有如哈里森航海天文钟这种具有历史意义的计时器和 28 英寸的折射望远镜等等。博物馆生动地展现了一部英国的造船史和航海史，包括昔日大英帝国的海军史和侵略扩张史。芬兰航海

博物馆里的展品也是五花八门，包括各种船舶模型、实物、绘画、图片、造船工具、雕像、航海仪表、船用钟、武器以及海盗的旗帜，无所不有，还有从19世纪下半叶的木壳帆船到20世纪以来的各种轮船，展现了芬兰航海历史发展的概貌。建于1974年的日本船舶博物馆，陈列着从远古的独木舟到现代最新型的动力船，详细展示了有关船舶发展历史的丰富内容，反映出世界航海大国船舶工业的缩影。而埃及的太阳船博物馆显得别具特色，它展示的是迄今为止人类发掘出的最完整、最壮观的古老船只，胡夫船的出土被认为是20世纪中叶埃及考古界最大的发现，对于研究古埃及的造船、航行及当时的社会经济生活，均具有重大的价值。

浙江海洋文化历史悠久，虽经历史变迁和人为破坏，许多珍贵的海事文物再难寻觅，但仍有许多散落或散藏于民间，比如明清以后的各种船舶线图、民间绘制的针路簿、造船工具、航海用具、船模等，尚在民间使用的一些有地方特色的木质船舶以及在沿海近区等待挖掘的沉船等，同时随着我国水下考古事业的不断发展，势必会有越来越多的收获。

如此之多的海洋文化遗存浙江的涉海博物馆却鲜有系统的收集和展览。

（三）涉海博物馆人才体系和科研问题

浙江省涉海博物馆从业人员的知识结构、学历结构和职称结构的发展尚处在不平衡、水平较低的现状，这与博物馆的实践工作、社会对博物馆的要求以及博物馆专业化发展的需求之间均存有较大差距。

博物馆作为一个专业性极强的机构应建立专门的职业准入制度，要求进入者必须拥有从事博物馆工作所需的基本知识、技能和能力等。涉海博物馆专业人员的配置比较单一，专业化的问题更是亟需解决。其标准可参照《美国博物馆认证指南》中提到博物馆治理的两个基本要求：全职馆长和至少有一位领取薪水且拥有博物馆知识和经验的专业员工；全职馆长和有经验的员工是博物馆治理的基本条件。

基层博物馆的工作人员虽然具有较强的博物馆工作实践，但由于博物馆的理论知识欠缺，对博物馆学的学理掌握与其外延知识达不到将实践概括为理论的能力，自然也就不可能理论联系实际地将自己所思所想上升为理论的高度，也就撰写不出有水平的具有现实指导意义的理论性文章。涉海博物馆的发展如果缺少人的积极参与，其繁荣与生机又从何谈起？因此，提高现在博物馆从业人员的业务知识、学术研究水平对于博物馆学的兴起，对于博物馆事业的发展均具有极其重要的作用。因为博物馆的发展与博物馆学的理论研究水平的提高二者间是一种紧密协调，互相促进、互为发展的关系。

此外，博物馆领导的行政化倾向严重，专业性要求过低。在国内的基层博物馆中，部分博物馆的高层管理者并非专业出身，多为“业余”人员，平日又要尽行政之职，对于博物馆学的系统研究势必滞后。甚至有的行政领导，在任职多年后并没有系统地接触过博物馆专业的理论知识，如此，就更谈不上博物馆学在博物馆实践工作中的应用了，又如何反作用于博物馆学的发展。一个博物馆高层领导者的专业水平高低，将直接决定着他做出的各种决策与制度的专业性含金量，良好的决策是博物馆发展的基础，是推动博物馆发展的基石。

再次，科研人员与科研机构的缺位现象严重。目前，浙江省内基层博物馆里，普遍都没有一个实力较强的博物馆学研究群体，至于博物馆学的研究机构就更如“空中楼阁”。而对于政府部门如社科联组织中所设立的一些科研课题似乎也与博物馆毫不相干，博物馆与它们主动联系，这些政府部门也没有专门为博物馆申报相关科研课题做上门服务的义务，对于有可能的科研课题不主动争取，不接触不深入，这在一定程度上都导致了研究人员在研究领域、方向上的盲目性。诚然，在部分基层博物馆也有着一些专业从事研究工作的人员，但是这些个体大部分也是处在“各自为政”的状态，以至于研究出来的成果没有中心思想，不成系统。国家文物主管部门已经开始注意到博物馆科研工作的重要性与紧迫性，但事实上这些科研课题与机构设置的成立与否，似乎只与一些省级以上的大馆有关系，与基层博物馆似乎并无渊源。显然，这种科研专业人员、专业机构在基层博物馆中的缺位也是导致涉海博物馆管理无序的重要原因。

涉海博物馆之间应该互设专门的有关博物馆知识、海洋知识的大讲堂，馆际之间形成学习上的互动，使馆内的人员走出去，再将兄弟同行馆的学者请进来，传播知识、互相激励，并利用敞开式教育的方法，将博物馆的相关知识普及给在职人员的同时也惠及普通百姓，这些都将在一定程度上激励起专家、学者及公众对涉海博物馆的热情。

应充分利用浙江省高等院校这块专业培养人才的阵地。除了采取在高等院校开设在职教育之外，还要多组织海洋专业博物馆工作职能的培训课程。为在职人员创造良好的学习环境之时，也能够使他们得到良好的、系统的学习与培训。并在传统博物馆学的基础上，加入若干个与博物馆工作有实际相连的分支学科，比如增设博物馆观众学、博物馆陈列艺术学、博物馆教育学、博物馆营销学等相关课程，从而使培养出来的学生能够较快地适应工作。

（四）非国有涉海博物馆问题

浙江省是一个经济大省，收藏文化热，使得省内非国有博物馆事业快速发展，作

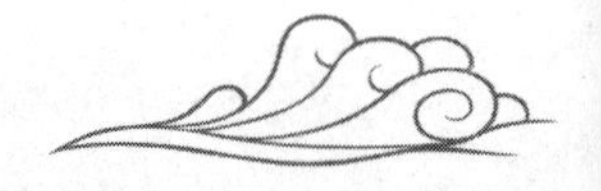

为国有涉海博物馆的补充，非国有涉海博物馆起到了重要的作用，但是在非国有涉海博物馆发展的同时也存在诸多的问题。

虽然我国非国有涉海博物馆发展取得了较大的成绩、发挥了一定的作用，但是由于非国有博物馆在我国还是一个新事物，尚处于探索阶段，还存在基础设施薄弱、管理运行不规范、与专业标准有较大差距、社会作用不明显等一系列的问题。归结起来主要是两个方面的问题：一方面是非国有博物馆自身经营不规范和不专业的问题，首先是藏品来源的问题。其次非国有博物馆设立经营和发展面临的困难，其中就包括非国有涉海博物馆的设立问题。目前，我国民政部“民办非企业单位登记暂行办法”规定，举办非国有博物馆应该按“民办非企业单位”申请登记，而现行的文化部“博物馆管理办法”虽然对博物馆的设立和管理进行了规定，但作为部门规章，法律效力不足，经常出现的情况是，在民政部门登记的具有博物馆性质的单位没有得到文物部门的业务认可。非国有涉海博物馆被定性为“民办非企业单位”，在具体管理中视同为一般的民间团体这一身份定位，给非国有涉海博物馆的生存和发展带来了诸多尴尬和困难，使其难以享有其应有的权利——国有博物馆不仅享受财政拨款，而且还能免税，而非国有博物馆因其民办非企业的身份，在藏品来源、藏品数量质量、藏品结构、陈列展示水平、藏品保藏等方面都不同程度地存在着一些问题。

非国有涉海博物馆还面临经费问题，除了有自己企业资金支撑的博物馆外，其他非国有涉海博物馆的建设和经营费用一般都由办馆人自己承担。由于投资大回报小，严重存在经费不足难以维持和可持续发展的问题。而博物馆的运营则需要足够的、长期的资金支持，博物馆馆舍、藏品的购置和保藏、日常维护、人员等，这些开支累计起来是一笔颇为可观的数目。

还有缺乏业务培训和支持问题，非国有涉海博物馆的隶属关系不在文物系统之下，普遍得不到博物馆藏品保管、研究、展览、教育、开放服务方面的专业指导和培训。博物馆业务活动不专业，不能发挥博物馆正常的社会作用。在许多发达国家的博物馆系统内都拥有鼓励大型国有博物馆和科研机构支持小型和非国有博物馆的专门政策。在我国，虽然近两年国家文物局对一些民办博物馆在业务上给予了一定的支持，但在全国范围内，大多数非国有博物馆都缺乏业务培训和支持的机会，加之非国有博物馆人才短缺，专业性和经验都不足，作为博物馆各项业务的开展就更为困难。

为了克服民办博物馆的发展障碍，规范和促进民办博物馆的发展，进一步调动社会力量参与文化遗产保护和社会主义先进文化建设的积极性，要按照国家规定规范非国有涉海博物馆的设立和经营，使之有章可循，有法可依，对符合设立条件的非国有涉海博物馆应予以支持、指导。

此外，应赋予非国有涉海博物馆与公立博物馆同等的法律地位。非国有涉海博物馆在行业准入、等级评定、人员培训、职称评定、科研活动、陈列展览以及人才、学术的交流、合作、奖励，政府政策信息服务等方面与国有博物馆一视同仁，切实保护非国有涉海博物馆的合法权益，使其在国家立项、政策扶持、土地使用、税费减免、银行信贷、收缴文物划拨等方面与国有博物馆享受同等待遇。并对具有门类特点行业个性或地域文化，民族（民俗）唯一性的非国有涉海博物馆以及致力于抢救濒危文化遗产，填补某领域文化空白或稀缺的非国有涉海博物馆，给予必要和适当的倾斜性扶持。

三、浙江涉海博物馆的未来发展

（一）学习国外经验

加强与国际一流涉海博物馆的交流合作，向他们学习先进的管理经验，取其精华去其糟粕，将其运用到我国博物馆管理中，提高博物馆的管理水平和工作效率。随着人们对博物馆重视程度的提高以及博物馆间的竞争加剧，博物馆管理方式科学化将成为必然趋势。积极吸收国外博物馆建设的经验和教训才能成就具有中华民族风格、世界先进水平的博物馆事业。

（二）从业人员专业化

随着广大观众鉴赏水平的提高，对博物馆的从业人员也提出了更高的要求。博物馆从业人员专业化，可以从多个方面体现出来，如博物馆藏品讲解、展品的陈列等方面体现，这也是衡量一个博物馆是否成功的标准。一方面涉海博物馆从业人员应当具备海洋学及博物馆学方面的专业知识，能够熟练运用相关知识解决问题，为观众提供更好的服务。另一方面，专业化的工作人员也有利于提升博物馆的文化地位，使更多的人走进海洋文化之门，既可以让观众接受文化知识，也达到传承文明的目的。

（三）加强文物博物馆信息化建设

发挥海洋在物理、化学、地理、人文等学科中的交叉性，充分应用学科知识进行信息化建设。在高科技的应用方面，涉海博物馆要在多层次、多方面进行合理化的选择和使用，如媒体技术、数字技术、网络技术等高新科技。科技化的应用不但只是在文物的收藏和保养方面，在博物馆的管理和运行中也同样的应该引入科技化。未来科技化的影响将伴随社会生活的方方面面，在博物馆的管理方面，科技化是博物馆适应未来社会发展的要求。社会的发展是不断向前进步的，未来的社会必然是一个科技更

加发达，管理更加严谨，法治更加健全的社会。在未来博物馆的科技发展中可以应用新媒介传达新信息，以扩大博物馆功能。对于展品的展示，传统的方法是利用文字进行说明。在未来的发展中可以应用电信系统，通过数字网络技术在同一时间向世界展出文物精品。

（四）开发文化产品

博物馆的免票后时代，如何“以文养文”，“以馆养馆”，开发附加产品，如何平衡好公益和经营的关系，如何打出自身文化品牌，都需博物馆深入思考和不断创新。特别是，如何利用各种方式盘活展品资源，收到文博资源的经济效益，更应该成为大多数博物馆在经营中需要考虑的问题。具体方式包括租用随身录音录像讲解器材、在正常讲解时间外讲解的合理收费；博物馆会员、义工等制度；租用场地、租用物品和开发、出售文化产品等。

欧美国家，博物馆大多设有礼品商店，观众在参观完展览后都会买些纪念品回家。博物馆高雅场所的形象和独具特色的商品对购物者有很大的吸引力，许多博物馆在当地已经成为了新的理想购物场所。随着我国人民物质生活水平的不断提高，人们对这些富有文化特色的商品越来越感兴趣。可开发的文化产品有：第一，本馆文物藏品或展览相关文物的（复）仿制品。对于馆藏小件的精品进行复制，对于大件的精品按一定比例缩小进行仿制。第二，以本馆藏品和展览文物为蓝本设计制作的创意类产品。第三，与博物馆藏品和展览相关的书籍、影像制品等出版物。涉海博物馆对文化产品的开发还应与海洋文化密切相关，同时增强产品的趣味性和娱乐性，以“蓝色”为主要题材。

第六章 浙江海洋文化节庆产业整合发展

近年来，节庆产业在中国逐渐成为拉动内需、刺激消费、带动就业等重要的新兴产业。据不完全统计，截至2011年10月，中国节庆活动的数量已逾万。一方面，各地依托丰富的节庆资源，努力推动节庆产品的优化和建设，使节庆产业在国民经济发展中的重要地位日益显现；另一方面，中国城市节庆活动尚处于不成熟阶段，节庆活动数量众多，但大多主题雷同，缺乏特色，具有国际影响力的品牌节庆屈指可数，能持续举办并发展成为国际节庆活动的更是凤毛麟角。如何通过节庆活动凸显城市个性，树立城市品牌，提高综合效益已成为城市节庆发展所面临的重要问题。

第一节 节庆与海洋节庆

一、节庆的产生和历史演变

节庆是“节日庆典”的简称，它具有“节日”的内涵，还具有“庆典”的含义，是“节日”和“庆典”融合的产物。“节日”是一个静态的概念，而“节庆”却具有动态的内涵，带有一定的感情色彩。因此，特殊节日及其节日中的庆典活动构成了节庆的内涵。在西方节事旅游的研究中，常把节日和特殊事件(Special Event)合在一起作为整体探讨，英文简称FSE(Festival & Special Event)，中文译为“节日和特殊事件”，简称“节事”。西方节事的概念与中国传统节庆的概念具有一定的差异，但其相同之处也有目共睹；特别是具有时代气息的现代节庆和大型体育、文化事件的兴起，使中国传统节庆的内涵向国际化方向大大拓展[1]。

节庆的产生根源于人类社会的精神生产活动。在特定的时间和空间中进行的节庆

---

① 黄翔. 旅游节庆与品牌建设：理论·案例. 天津：南开大学出版社，2007：3。

活动，不仅是对日常生活的延续，也是人们重要的情感寄托和精神信仰方式。中国作为有五千年历史的文明古国，拥有丰富的传统节日资源，其内容涵盖岁时民俗、生产祭祀、情感寄托、英雄崇拜、宗教信仰、经济贸易、文化交往等各个方面。作为活形态的民俗活动，节庆还在不断地发展变化，一些传统节庆被赋予新的内涵，一些新兴节庆蓬勃发展，一些外来节庆越来越流行，一些从属于会展业的专题节庆被创造，一些时代主题以节庆的形式被命名……参与节日、消费节日、享受节日是现代人生活中必不可少的重要内容。

在这样的时代和社会背景下，节庆活动的功能和价值也发生了变化，从以往的娱乐、祭祀、交友转向服务于文化消费，经历了一个从节庆文化到节庆经济，从节庆经济到节庆产业的发展过程。节庆在满足广大人民群众的精神需求和物质需求、地方文化形象建设、文化品牌打造和文化产业发展方面起到全新的作用。顺应这一趋势，实现节庆产业的可持续和科学发展，能够提升我国的文化软实力、保护民族文化多样性、增强民族自信心和自豪感、实现相关国民经济建设。

二、节庆与文化[①]

节庆活动，本质是一种文化活动。节庆活动是一个民族在其历史发展进程中，不断孕育、形成、发展、衍化的，这正如一个民族的文化形态也是一个不断发展变化的动态过程一样，一些消失了，新的又不断涌现了，但不变的是这个民族千百年来凝聚而成的民族精神和民族特质。

（一）节庆活动与人类文明起源同步

最早的节庆以祭祀为主要目的，有固定节期和相当规模的祭仪就可以演化成节日，而原始崇拜、迷信与禁忌是节庆活动产生的思维根源。另一方面，人们凭借对天文、历法、数学等知识的逐步增长，产生了一系列岁时祭祀、岁时歌舞、岁时农事、岁时庆典、岁时禁忌和岁时饮食，从而发展出祭祀天地日月、山河林木、飞禽走兽等世间万物神灵的节日，同时也发展出很多用以表达怀念祖先、寄托思念、企盼团聚等情感的节庆。随着宗教的产生和发展，很多宗教节日也相继出现并在人们的社会生活中占据了重要地位。总的来说，构成早期节庆活动的主要因素有两个，即原始信仰和节气系统。随着历史的演进，时间的流逝，人类节日文化的内涵也从单一逐渐走向多元。

① 范建华．论节庆文化与节庆产业．学术探索，2011(2)：99-105。

（二）节庆活动是寄托精神的理想化活动

节庆活动从远古到现实以至未来都是人们进行生产生活，寄托精神，表达欢乐，沟通天地人神的理想化活动。早在人类文明开始之前，满足温饱的人类祖先就会聚集在一起，用声音和肢体表达情感，即使缺乏食物保障，人们也会群聚祭祀天地鬼神，吁求自然的眷顾。节庆活动首先是一种文化活动，具有认识、传播、教育、审美和娱乐功能，人们在节庆活动中获得知识、技能、生产经验和社会生活经验，并掌握良好的思想道德和行为规范，从中获得愉悦和放松，为社会创造健康和谐的文化氛围，是人类社会必不可少的精神文化活动。

（三）节庆活动是人们社会生活中加强沟通，进行交流的重要生活方式

节庆活动是一定族群中所有成员共同具有的认识、思想、信仰、价值的体现。反映了族群中每个成员对周围世界以及族群本身的认知体系，反映了该族群的利益取向和价值取向，为节庆的集体行为提供合理性和必要性的文化认知。因此，节庆活动能够把单个的分散的社会个体集合起来，形成一种共同的社会文化氛围，进而演化成一种民族认同和文化认同，使社会成员中的个体获得文化归属感。节庆是社会遗传的一种重要形式，是人类文化和文明的重要积淀和文化再生产过程。节庆中所蕴含的思想、知识、精神、情趣、信仰，会通过一次又一次的重复节庆活动，通过节庆中的祭祀和仪式，传递来自远古祖先的信息，也传递人类一代代积累的文明成果。

（四）节庆活动需要特定的仪式、特定的时间、特定的形式加以固化和表现

节庆活动一定有鲜明的主题和活动内容，活动的对象是广大的公众而不是个人。不同的节庆活动根据自身的内容和主题有确定的周期。节庆活动不同于日常活动，它能够带给公众超越常规的体验。节庆活动还有特殊的仪式典礼，用以传达特殊的文化信息。总之，节庆日是具有特殊意义、特殊活动内容的日子，并且以年度为周期，循环往复，周而复始。

（五）节庆活动是一个动态的过程

传统民间节日功能也正在经历巨大变化，已经由原来的娱乐功能、管理功能、沟通族群体内部情感的功能、精神寄托和补偿功能演变为当下经济功能的增加和原有一些功能的慢慢弱化。节庆文化蕴含在节庆活动的深层，具有潜在性的特点。节庆文化是以文化活动、文化产品、文化服务和文化氛围为主要表象，以民族心理、道德伦理、精神气质、价值取向和审美情趣为深层底蕴，以特定时间、特定地域为时空布局，以特定主题为活动内容的一种社会文化现象。它是人类文明的组成部分，是社会文化的

重要分支，是观察民族文化的一个窗口，是研究地域文化的一把钥匙。节庆文化是一个历史的范畴，始终处于一个发展和变迁的过程当中。节庆文化在当下的主要变化表现在：参与者群体的变化,节日内容的调整、增减、创新，新的节日层出不穷等方面。文化的变迁总是先从表象的形式开始，最终触及深层的文化观念。当代节庆文化的变迁反映了人们在新的民族生存环境里与新的时代氛围下对民族节庆文化做出的新阐释，也是民族传统节庆文化为适应新的现实生活而做出的积极回应。

（六）节庆活动具有文化和经济的双重属性

其文化属性表现在能够满足人们求知、求美、求乐的欲望，实现欣赏价值、审美价值和认识价值的总和。节庆活动的经济属性在于它能够向社会提供文化性消费，通过对节庆资源的利用，经济产出并逐渐形成节庆产业经济。

三、海洋文化与海洋节庆

海洋节庆与海洋旅游、海洋文化、海洋经贸等息息相关，是我国海洋社会经济发展的重要领域。海洋节庆在中国历史悠久，很早以前就产生了祭海、开渔、供奉妈祖等仪式性的民间节事活动，一些活动还延续至今。但是我国大多数现代海洋节庆活动在近几年才发展起来。通过学者研究可以发现，作为节庆的一种类型，海洋节庆需要遵循节庆发展的一般规律，同时全面认识海洋节庆的内涵外延，有效发挥其功能作用，对相关的组织方式等深入探索，这对于推动海洋节庆发展十分重要。

世界上一些国家和地区开发海洋时间较早，十分重视拓展海洋国土、开发海洋资源、发展航海事业和培育海洋文化，同时在发展海洋节庆方面也进行了有益的探索。许多国家和城市的海洋节庆活动别具特色，丰富多彩，所积累的发展经验值得借鉴。[①]

（一）海洋节庆背后是深厚的海洋文化

世界上许多海洋节庆活动是与一个国家或城市的发展史联系在一起的。正是有了独特的海洋意识、海洋文化，才造就了独特的海洋节庆。如荷兰“鲱鱼节”，就与荷兰海洋捕捞史、海洋探索史，甚至是荷兰国家的发展史关系密切，见证了荷兰作为海上帝国的崛起。

---

① 胡春燕. 关于推动我国海洋节庆发展的思考. 中国海洋大学学报（社会科学版），2014(6):3-40。

（二）海洋节庆历久弥新

美国、澳大利亚、印度、日本等一些国家将海洋节庆作为本国的传统节日，有的还通过国家立法和政府文告等形式对海洋节庆加以确认和推广。较长的节庆历史使得本国海洋观念深入人心，也推动了这些海洋节庆成为影响深远的国际著名节庆。例如，为纪念第一艘美国蒸汽机船“萨瓦那”号成功地横渡大西洋，1933 年美国国会通过联合决议，规定每年 5 月 22 日这天为美国国家航海节，迄今已有 80 余年历史。在每年航海节前美国总统会发表文告，全国举行丰富多彩的庆祝大会和街头游，并举办各种论坛活动。此外，美国西部城市西雅图举办的夏季海洋节也有 50 多年的历史。印度全国航海节开始于 1963 年；澳大利亚冲浪节已经举办了 40 多届。长久的办节历史为这些海洋节庆活动带来了独特的文化积淀，在世界节庆活动中占据一席之地。

（三）海洋节庆体现着海洋城市独特竞争力

海洋资源是海洋城市的独特禀赋，如何运用好海洋资源而又不对海洋造成损害，实现可持续发展，是海洋城市面临的重要课题。许多海洋城市借助于举办海洋节庆找到了有效途径。德国基尔帆船周从 1882 年开始举办，如今已经发展成为全球范围内规模最大的帆船活动，推动基尔从一座德国北部小城一跃而成为“世界帆船之都”。法国布雷斯特市自 1992 年以来每隔四年举办一届国际航海节，带来了巨大的经济效益和社会效益，相比法国其他城市找到了一条完全不同的发展路径。

（四）注重民众参与，海洋节又是狂欢节

对于国外许多地方来说，海洋节庆的最高目标是给人创造欢乐，给人以希望。节庆活动本身的创意是其最为重视的，在狂欢理论指导下的国外海洋节庆让游客完全融入节庆之中，即使年复一年办节也不会让参与者产生厌倦感。普吉岛芭东海滩狂欢节、西雅图夏季海洋节、釜山海洋节等在这方面具有代表性。其通过创新，多样的活动组织形式，每年都吸引上千万游客参与。

第二节　浙江海洋文化节庆发展现状

一、浙江海洋文化节庆概况

现代海洋节庆源于传统海洋文化，因历史跨度大、文化特色浓厚等而成为海洋文

化展示与发展的重要平台，是我国现代特色文化发展与成熟的典范。

根据浙江省及各地海洋局、海洋与渔业局网以及实地调查统计，目前浙江省沿海区域涉海类的节庆已近 60 个。按照节庆主题内容划分为物产类、自然景观类、历史文化类、生产经营类、休闲娱乐类等，其中嘉兴市约 10 个，宁波市约 17 个，舟山市约 16 个，台州市约 11 个，温州市约 6 个。这些涉海性的节庆活动中，以海宁国际观潮节、海盐南北湖文化旅游节、象山中国开渔节、宁海长街蛏子节、舟山中国海洋文化节、普陀山南海观音文化节、中国沙雕节、台州中国三门青蟹节等具有较大的影响力，对浙江沿海的涉海类节庆活动起着推动和引领作用。[①]表 6-1 为浙江省部分海洋文化节庆活动一览表。

表 6-1　浙江部分品牌海洋文化节庆活动

节庆名称	举办时间	举办地点	节庆概况
中国普陀山南海观音文化节	10—11 月	舟山普陀山	观音文化节以“自在人生，慈悲情怀”为主题，精深演绎“和谐世界，从心开始”这一主题，着重体现观音文化深远的影响力。活动以“感受普陀洛迦，体验心灵日出”为出发点，以节庆系列活动为载体，向世界展现普陀山的名山胜境、禅意境界、历史文化和佛国风情
舟山国际沙雕艺术节	7—11 月	舟山朱家尖	国际沙雕艺术节采用比赛与展示相结合的形式，每一届都会定下一个主题，各路选手围绕这个主题施展各自绝活，观赏性很强。还有花车游行、海岛特色文艺表演、海鲜美食品尝等活动
中国舟山海鲜美食文化节	6—9 月	北京 上海 舟山	中国舟山海鲜美食文化节的宗旨是以“中国海鲜，吃在舟山”为理念，挖掘和弘扬具有浓郁海洋海岛特色的海鲜美食文化，系统地宣传推介舟山的特色海鲜美食，推动舟山旅游业和饮食业的发展
中国海洋文化节	6—9 月	舟山岱山	海洋文化节与海岛旅游紧密结合。海洋文化节期间将举行的祭海、谢洋仪式、“感恩海洋”歌咏比赛以及民俗踩街表演、海鲜美食大赛、“我为泥狂”——秀山泥浆活动都独具海岛特色，届时，来自全国各地的游客在领略海岛人民展示几千年海洋文化的同时，还可尽情享受海岛独具魅力的自然风光及渔家风情
沈家门渔港国际民间民俗大会	7—10 月	舟山沈家门	以“渔文化”为主题，通过渔文化的展示，进一步打造沈家门渔港作为“世界著名渔港”“渔文化集中地”的鲜明个性。文艺大巡游、交响音乐会、全国锣鼓大赛等各项文娱活动，均注重本土文化与外来文化的交流与碰撞。让游客和群众直接参与到活动中去，增加了活动的受众面，丰富了基层群众的文化生活
象山海鲜节	5 月	宁波象山	海鲜节以“品尝象山海鲜，领略海洋风情”为特色，主要活动有沙滩民间民俗活动、渔家服饰展示、帆板表演、捕鱼捉蟹等
中国开渔节	9 月	宁波象山	在东海休渔结束的那一天举行盛大的开渔仪式，欢送渔民开船出海。主要是以祭海、放海、开船等仪式表达政府和社会各界欢送渔民出海。利用开渔节舞台，演奏开发海洋、保护海洋、经贸洽谈、滨海旅游、学术交流等活动

① 陈万怀．浙江海洋文化产业发展概论．杭州：浙江大学出版社，2012：140。

续表

节庆名称	举办时间	举办地点	节庆概况
象山国际海钓节	5月	宁波象山	象山素有“中国渔山，海钓天堂”的美名。目前，已形成象山港、乱礁洋等七大海钓区，可进行船钓、拖钓、岸钓、筏钓等多项海钓活动，适合登礁钓的岛礁达500多个，全年海钓时间可长达10个月
三月三·踏沙滩民俗文化节	农历三月三前后	宁波象山	三月三·踏沙滩民俗文化节是象山石浦渔民的节日。每逢这一节庆，男女老少纷纷赶至皇城沙滩，载歌载舞，听潮观涛，尽情欢娱。挥舞东海龙、渔家灯，还有渔家汉子抬着各式抬阁、吹着与人等长的民间“长号”，敲打出与海一样豪迈的渔家鼓点，跳出的是一个个崇敬大海的音符
中国徐霞客开游节	5月19日	宁波宁海	宁海境内山峦叠嶂，碧海绿岛，其秀丽风光曾在明代大旅行家徐霞客传世之作《徐霞客游记》开篇的第一段文字中作了精彩描述，宁海故被称为《徐霞客游记》的开篇地
中国国际钱塘江观潮节	10月	嘉兴海宁/杭州萧山	自古以来天下奇观海宁潮以其独特的壮美雄姿而令人神往。白居易、李白、苏轼等留下了千余首咏潮的诗篇。中国国际钱江（海宁）观潮节在每年农历的八月十八前后举行，观潮节期间举行观潮节开幕仪式、祭潮神表演、乾隆寻亲等各项富有地方特色和江南潮乡韵味的活动
中国（宁波）国际港口文化节	每隔一年7月	宁波北仑	宁波的城市发展史，一定程度上是一部港口成长史。宁波是海上丝绸之路的起点，唐宋元时期的对外商贸重镇，近代“五口通商”城市之一。港口文化节秉承国际化、特色化和实效性、群众性的理念，在彰显港口文化的独特魅力中，促进国际港口文化的交流和繁荣，推动国际港口城市的合作与发展
嵊泗贻贝文化节	7—9月	舟山嵊泗	嵊泗有着养殖加工贻贝的悠久历史，出产的厚壳贻贝“元淡”，在明清时还被列为进贡朝廷的贡品，号称“贡干”。嵊泗贻贝文化节结合了本地海水产品，凸现海洋文化深刻内涵，推动贻贝经济，将贻贝文化与海洋、海岛生态环境调查融为一炉
中国普陀佛茶文化节	4月	舟山普陀	普陀佛茶属于绿茶的一种，以色泽绿润、气香味醇誉名，自古以来，由僧人栽种采制，用来敬佛和待客，是茶文化与佛文化的完美结合之作。深厚的文化积淀，及海岛独特的地理环境和气候条件，使普陀佛茶成为色、香、味俱全的茶中精品。“细啜襟灵爽，微吟齿颊香”，进一步弘扬普陀佛茶文化，追求佛茶文化的深刻内涵，在和谐中享受宁静，净化心灵
中国抗倭文化节	4月	温州苍南	苍南金乡抗倭民俗文化节起源于明朝，盛行于晚清。文化活动突出追悼明代因抗击倭寇而牺牲的官兵，纪念抗倭和抗日的内容，融入了爱国主义精神的文化特色，反映了人民对抗倭先烈及祖先的崇敬，同时，活动也融古镇千年来形成的民风民俗“庙会”于一体
徐福东渡国际文化节	7月	舟山岱山	公元前219年徐福受秦始皇派遣率3 000童男童女及百工渡海，去寻找传说中的蓬莱仙岛，以求长生不老之药。寻药未果后东渡，随潮经韩国到达日本。文化节通过“徐福祭海东渡”“徐福国际文化研讨会”等活动加强与日本、韩国等国家的友好交流，发展海洋旅游，繁荣舟山文化

续表

节庆名称	举办时间	举办地点	节庆概况
舟山渔民画艺术节	10月	舟山朱家尖	舟山渔民画缘于"得海独厚，得港独优、得景独秀"的地理优势，具有浓郁的海洋艺术感染力和观赏性。舟山市迄今已有300余件作品被国外艺术爱好者收藏。渔民画艺术节的举办，为重新整合具有舟山海洋文化特色的文化资源，打造渔民画的艺术品牌，推动文化旅游产业的发展，起到了促进作用
桃花岛金庸武侠爱情文化节	农历七月	舟山桃花岛	桃花岛，一个充满无限遐想的"爱情之岛"。2007年8月，第一届桃花岛金庸武侠爱情文化节举办。桃花岛金庸武侠爱情文化节着重体现"金庸笔下桃花岛"的核心主题，以"帐篷海滩情侣露营""沙滩情侣歌舞晚会""沙滩篝火大联欢"为主线，巧妙地把现实中的爱情与金庸笔下的武侠情侣文化融合在一起，既能感受到桃花岛风光的魅力，又能享受到爱情的甜蜜
中国三门青蟹节	9月	台州	三门是"中国青蟹之乡"，三门因青蟹而名闻天下，也因中国青蟹节的举办而誉满四方。从2002年成功举办第一届三门青蟹节以来，得到社会各界广泛的关注和认可，大大提高了三门青蟹的知名度和美誉度，促进了三门青蟹养殖业的发展，增加了养殖户经济收入，也为三门经济社会发展插上了腾飞的翅膀
宁波市"海上丝绸之路"文化节	5—6月（2009年前为每年12月）	宁波	2001年宁波市举办首届"海上丝绸之路"文化周，2009年，正式升格为宁波市"海上丝绸之路"文化节。宁波市在打造"海上丝绸之路"文化品牌的同时，进一步整合"国际博物馆日"、端午节、"中国文化遗产日"三大节日，合力打造"海上丝绸之路"文化品牌，全面推进"海上丝绸之路"申遗工作

资料来源：根据相关资料整理而成。

二、浙江海洋文化节庆个案

（一）海洋渔文化与"中国开渔节"

1. 节庆的文化背景

宁波市象山县位于浙江省沿海中部，北依象山港，东临东海，南濒猫头洋，西与宁海县接壤。象山是个三面环海、一路穿陆的半岛县，素有"缘海而邑"之说。全境由象山半岛东部和沿海608个岛屿组成，陆地面积1 175平方千米。全县海岸线曲折，占全省海岸线的1/6，大陆岸线、海岛岸线分别为300千米和500千米。沿海港湾交叉以象山港、石浦港、三门湾最著名。海域广阔，面积约5 350平方千米。其中，"中国开渔节"的举办地宁波象山县石浦镇地处东海之滨、象山半岛南端，本土呈东北—西南走向，陆上海岸线长108千米，全镇陆地面积121.6平方千米（含海岛面积19平方千米）。石浦港北连舟山渔场，居大目洋、渔山、猫头洋等国内主要渔区的中心，历来是东海渔场主要渔货交易市场和商贾辐辏之地。现为全国六大中心渔港之一，省二类开放口岸。

象山渔民自古以来就有开捕祭海的民俗。独特的地理特征，让象山人民邻海而居、与海相依。为了海洋的可持续发展，他们倡导休渔期，坚信这样能更好地发展经济，积累财富。象山县倡导休渔期以来，每年到 9 月 15 日休渔期结束时，渔民们就会组织到公海去捕鱼。因为出海的时间过早过晚都不行，过早进公海就违法，过晚头网鱼就会被别人捕捞，所以渔船基本上是同一时间出海。此时，亲人们为他们献酒壮行，开渔的场面非常之壮观。久而久之，便形成了当地一种独特的风俗习惯。石浦渔文化在境内颇具代表，不仅历史悠久，且内容丰富。有气势豪放的码头锣鼓，有风情独特的鱼灯会，有别具特色的渔民秧歌，有庆贺渔汛的渔家龙灯和渔家子女的马灯队，有渔区丝竹小调和悠扬激越的渔工号子，还有造型各异的昌国抬阁。这也是开渔节选择在石浦镇举办的原因。

2. 节庆的产生与发展

1998 年，象山政府和有识之士准确把握了联合国大会命名的“国际海洋年”这个契机，顺应了合理开发利用海洋这个当时国际经济社会发展的潮流趋势，在渔民兄弟向全世界发出“善待海洋就是善待人类自己”的倡议中，将渔民的自发仪式上升为一个海洋文化的盛大典礼，成功举办了第一届“中国开渔节”。经过 18 年的历练，中国开渔节逐步形成了仪式、论坛、文艺、经贸和旅游五大板块 10 多个精品活动项目，荣膺中国十大品牌节庆、中国十大最具魅力节庆、新世纪十年·中国节庆杰出典范奖、全国节庆活动百强等多项荣誉，在人民网举办的“最受关注地方节庆”评选活动中名列首位。

18 年的“精雕细琢”，开渔节的活动形式不断创新，活动内容日益丰富，活动主题更加强化，这使一个原本因国家实行禁捕期而诱发的区域性文化节庆活动，变成了海洋大节、文化大节、经贸大节和旅游大节，演变成真正具有中国特色的海洋的节日和渔民的节日，并且始终如一地保持着旺盛且强劲的生命力。

（1）主题性强。中国开渔节的主题就是“保护海洋，感恩海洋”，一直秉承的口号是“善待海洋就是善待人类自己”。海洋资源是人类生命延续的物质保证，保护海洋是全人类共同要面对和行动的一件大事，开渔节提出保护海洋体现了象山人的一个理念，感恩海洋则是象山 53 万人民的一种情怀。象山渔民自发组织成立了海洋环保志愿者队伍，率先提出了东海夏季休渔的倡议，又提出了延长休渔期的倡议，得到国家海洋管理部门的认同，东海夏季休渔期的时间延长了半个月。

（2）文化性强。经过几年的实践，确立了开渔节的核心文化——渔文化。象山对

渔文化的保护和发展有着重要的贡献，成为“中国渔文化之乡”。两岸的妈祖文化交流进一步增强了开渔节的文化性。开渔节的主体活动（祭海、开船、妈祖巡安等）有着很深厚的民俗基础，极具吸引力。

（3）群众参与面广。开渔节期间，丰富多彩的文化活动和文艺表演，使广大群众享受了文化大餐，庄严的祭海仪式和壮观的开船场景吸引了众多的当地群众和外地游客。群众已经成为开渔节的参与者和创造者。

（4）媒体关注度高。随着中国开渔节品牌的声名远播，媒体对象山的关注度日益提高。每届开渔节，都有大批中央、省、市媒体来象山采访。第十四届开渔节中，中央电视台《新闻联播》、新华社、《人民日报》海外版、《经济日报》、央视网、中国网、中国之声等都对开渔节盛况、海洋经济峰会、祭海仪式等进行了集中报道。

（5）实效显著。开渔节之所以能历经 18 年而不衰，并在全国各地几千个节庆活动中脱颖而出，其中一个很重要原因便是能坚持市场化办节，切实增强节庆自身的生命力。从 1998 年第一届至今，组委会共筹集招商和赞助资金 3 000 余万元，有力地支持了开渔节活动的举办。开渔节是象山对外宣传和城市营销的一个重要平台和载体，通过举办开渔节，象山扩大了对外影响，提高了知名度。中国开渔节不仅推动了象山传统文化的发掘、保护和发展，也推动了象山滨海旅游的快速发展，对象山实现文化、旅游的大发展起了很大的推进作用。

（二）港口文化与“宁波 · 中国国际港口文化节”

1. 节庆的文化背景

（1）宁波港口文化内涵丰厚。一般而言，港口文化是指人类在港口这个特定区域所创造的物质财富和精神财富的总和。宁波作为有着悠久历史、影响深广的港口城市，在漫长的历史发展长河中，既不断积淀，又逐渐与外来文化融合，以其独特魅力滋养着生活在其中的人们。这些文化特质为宁波人民世代相传，浸润在一代代宁波人民的血脉中，从而为城市经济繁荣、社会进步积聚了深厚的文化底蕴。“港为城所依，城为港所托”。宁波是沪、浙沿岸与长江流域各省通海之门户，背靠经济发达的长江三角洲，面向海内外，具有作为国内、国际航运枢纽的优越地理位置。早在 7 000 年前，河姆渡先民已懂得刳木为舟，剡木为楫，开始过“水行而山处，以船为车，以楫为马”的水上航行生活。早在公元前 4 世纪，宁波就是古越国水军营建的要塞句章港，是我国最古老的港口。在唐代，宁波已是“海外杂国、贾船交至”的全国主要对外贸易港口，宁波港于公元 752 年正式开埠，并与扬州、广州一起列为我国对外开埠的三大港口。宋代，宁波港又与广州、泉州并列为我国三大主要贸易港。宁波是“海上丝绸之路”

“瓷器之路”“海上茶路”的起点和通道。鸦片战争后又辟为“五口通商”口岸之一。可以说，宁波城市的发展是宁波港口文化不断拓展的历史，也是开放文化在历史长河中不断积淀的历史与竞争力。[①]

宁波港口文化层次丰富，内容多元，其精神实质可以大致归纳为开放、融合和创新三个特点。首先，作为一个国家或地区的门户，港口是对外交流的重要平台，打破封闭、解放思想的全球视野和世界胸襟与生俱来；其次，开放的港口必将迎来不同文化的碰撞甚至是冲突，海纳百川、兼容并蓄的和谐意识和包容心态必不可少；再次，文化的融合也必将带来新生事物，产生新的文化类型，突破常规、求新立异的创业勇气和创造思维更是不可或缺。

（2）宁波港口文化具有广泛的群众性。一个城市节庆品牌要保持长久，深入人心，必须要有良好的群众基础。有着广泛的群众基础并深得人心的节庆活动才能唤起群众对它的参与热情。而群众基础主要来自于广大群众对当地文化的认同。从河姆渡到句章古港，到宁波老港，再到镇海、北仑新港，港口的外迁、发展体现了港口不断走近海洋、走向开放性世界的历史轨迹，凸显着丰厚而独特的文化内涵。在人类不断探寻历史文化回归的今天，它反映着宁波港口资源的独特性和深厚文化内涵，迎合了现代人们的心理期望与时代诉求，唤起了市民对宁波城市精神的遥远记忆，给每个市民带来了精神上的激励，因而生活在城市中的人都愿意去接受、宣传和发扬它。这就给港口文化节品牌塑造奠定了坚实的群众基础。

2. 节庆的产生与发展

为贯彻落实宁波市委工作会议精神，全面兴起文化大市建设新高潮，扎实推进“六大联动”“六大提升”和“创业富民、创新强市”战略，加快建设宁波现代化国际港口城市，宁波市自 2008 年举办了首届中国（宁波）国际港口文化节。港口文化节围绕建设现代化国际港口城市的总体目标，以促进开放、服务经济、发展文化为宗旨，以吸引国际港口、港口城市、船运企业、物流服务企业机构等广泛参与为基础，通过举办一系列以港口与城市发展联动为主题的丰富多彩的文化、旅游、论坛等系列活动，展示宁波改革开放成就，提升宁波对外开放形象，推动“以港兴市”战略的深入实施，努力为宁波现代化国际港口城市建设全面推向新阶段做出贡献。

---

① 苏勇军. 关于提升中国（宁波）国际港口文化节品牌影响力的思考. 经济丛刊，2010（4）:42-45。

（三）海洋民俗文化与“舟山·国际沙雕节”

1. 节庆的文化背景

早在公元前 4 000 年，埃及人已经开始用沙子来辅助建造金字塔，那时候已经有了沙雕的雏形，而沙雕作为一种艺术形式起源于美国，经过近百年的发展，沙雕已成为一项融雕塑、体育、娱乐、绘画、建筑于一体的边缘艺术，其真正的魅力在于以纯粹自然的沙和水为材料，通过艺术家的创作呈现迷人的视觉奇观，沙雕艺术体现自然景观与人文景观、自然美与艺术美的和谐统一。

舟山朱家尖有“沙雕故乡、度假天堂”的称号，朱家尖是中国国际沙雕的故乡，在岛的东南部有东沙、南沙、千沙、里沙、青沙五个沙滩，号称“十里金沙”。虽然朱家尖国际沙雕节黏沙技术来自于外来文化，但节庆的源头则出自于舟山固有的海洋民俗游戏——“堆沙”和“水浇沙龙王”。夏天，海边的孩子常去潮水线上侧，用湿沙堆起一座沙城，沙城内还有湿沙拍打而成的戏台、宫殿、桥梁等。有的还用竹片雕刻出简单的图案。潮水上涨时，嬉耍的孩子们站在沙城内向潮神呐喊、示威，直至沙城被潮水冲塌为止。至于水浇沙龙王，则是用手捏着一把湿泥沙，从上而下徐徐淋下，在沙台上浇成一个海龙王模样，或浇成一个观音菩萨，坐镇在沙城内，以遏制潮神的侵犯。由此可见，不论是沙雕节的材料——沙，还是艺术造像——城堡和人物的雕塑造型，均与舟山古代的游戏习俗——堆沙和玩沙有着千丝万缕的内在联系和相似点。

2. 节庆的产生与发展

1999 年举办的首届中国舟山国际沙雕节，开创了我国沙雕艺术和沙雕旅游活动的先河，它填补了我国传统旅游的空白，也填补了我国沙雕艺术的空白。沙雕节将朱家尖丰富的沙滩资源与西方“沙雕”艺术相嫁接，盘活了舟山的山海风景资源、渔俗海鲜资源，吸引了众多追寻阳光、海浪、沙滩、美食的海内外游客，创造了全新的舟山沙雕文化。

舟山自举办沙雕节以来，每年都有数十万游客前去朱家尖观摩沙雕作品、品味沙雕文化、领略海岛风情。每届沙雕节都以新构思、新举措实现了办节形式、规模、内容上的创新和发展。第一届沙雕节以“和平与友谊”为题，第一次把沙雕的迷人风采和独特魅力展现在国人面前；第二届则以“世纪奇观”为主题；第三届以“欧洲文明起源”为题，创作了以荷马史诗“奥德赛的故事”为主线的大型组合沙雕，开创了亚洲沙雕新纪录；第四届至第八届，则分别以“世界古代八大奇观”“丝绸之路”“至爱永恒”“走向海洋”“动漫 Party——让海滨度假更浪漫”等内容和形式，向世人展示了沙雕艺术的丰富内涵和多姿多彩，给游人以“年年沙雕节，年年不一般”的感觉。

为了引入市场机制办节，专门成立了舟山国际沙雕有限公司，具体组织、策划、筹办每年一届国际沙雕节活动，不仅节庆活动的水准不断提高，而且连续取得了较好的经济效益，改变了赔钱买名声的窘境。从舟山海洋文化节庆发展趋势看，尽力扶植发展本地的海洋文化产业，通过企业化运作的方式举办有关节庆，能够达到产业发展、社会满意、经济效益好的多赢局面。

每年举办的舟山国际沙雕节使“以节促旅、以旅活市”的效应很快得到充分显现，确立了其在国内的领先地位，吸引了国内新闻界、旅游界和国际沙雕界的广泛关注。自举办以来，每届舟山国际沙雕节都被国家旅游局列为重点推介旅游活动，成为浙江省名品旅游节庆活动，并被列入全国节庆五十强。舟山人“点沙成金”，为中国旅游业创造了一个精品。

（四）普陀山南海观音文化节

1. 节庆文化背景

普陀山作为唐代形成、在宋代由皇家钦定的观音应化道场，无论在正统的汉藏佛教界，还是民间民俗信仰圈中，都在观音文化领域占据着举足轻重的崇高地位。普陀山以供奉中国第一佛——观世音菩萨而闻名于世，是历史上“海上丝绸之路”的重要中转站，也是日本、韩国及东南亚佛教黄金纽带的结点。普陀山和日本、韩国及东南亚等国的国际佛教交流源远流长，观音信仰被学者称为“半个亚洲的信仰”，也是中、日、韩三国佛教的主流信仰。更可贵的是，观音菩萨几乎是中国人自己的神，甚至已经超越了佛教的范畴，在中国民间百姓中有着最为广泛的信众群体，也有着非常深刻的文化影响力。1997 年建成的标志性“南海观音”巨型露天铜像，堪称当今世界观音铜像之最，是“海天佛国”的象征。

2006 年 4 月 13—16 日在浙江省杭州市和舟山市两地，举行了首届“世界佛教论坛”。它是新中国成立后，中央批准的在国内举办的制度化的第一次多边国际性宗教会议。围绕“和谐世界、从心开始”主题，首届世界佛教论坛在舟山推出开幕式祈愿法会、“无尽心灯夜夜明”传灯活动、祈祷世界和平法会和论坛闭幕式、首届世界佛教论坛《普陀山宣言》纪念碑奠基仪式、参观普陀山寺院和朱家尖景区五项活动。2005 年，普陀山在申办首届世界佛教论坛中脱颖而出，成为中国乃至亚洲第一个获得世界多边性佛教论坛举办权的佛国名山[①]。

① 王文洪. 舟山群岛文化地图. 北京：海洋出版社，2009：269。

2. 节庆发展简况

从 2003 年开始，舟山在普陀山每年举办中国普陀山南海观音文化节，利用多种载体诠释佛教文化，让香、游客真切感受“净化人生、普济大众、庄严国土、利乐有情”的佛教文化特质。历届文化节围绕“观音文化”这一主题，本着观音慈悲为怀，普渡众生，净化人心的特质，系列活动分为开幕式、弘法讲经大会、佛教文化大展、四海莲心交流大会、发愿祈福法会、闭幕式，旨在为普陀山打造新的旅游亮点，吸引更多社会大众关注、来访，弘扬普陀山观音文化，提升“海天佛国”品牌内涵。普陀山观音文化节期间，丰富多彩的文化、经贸活动吸引了大量外地游客，达到了“名利双收”的效果，原来应该进入旅游淡季的普陀山香客、游客明显增多。观音文化节除了拉动交通、餐饮等方面的需求外，也成为舟山招商引资的良机。在“四海莲心”恳谈暨经贸洽谈会上，舟山与中外客商当场签约了各种合作项目。此外，大量文化名人涌入后带来的音像资料、文人墨客留下的墨宝文章、著名摄影家镜头里的精彩瞬间，国际上的专家教授的学术交流论文，都为丰富普陀山文化积淀，加深文化底蕴，起到了积极的作用。截至 2015 年，连续举办了 13 届的“南海观音文化节”，促进了普陀山和世界佛教文化的交流，推进了普陀山世界佛教名山和国际旅游胜地的建设。

第三节　德国海洋文化节庆产业发展案例与经验

一、“基尔周”概况①

基尔是德国北部重要的港口城市，位于基尔运河的东端，是沟通波罗的海与北海两大欧洲海域的节点，距离波罗的海出海口 11 千米。基尔商贸和会展业自古发达，曾经是汉萨同盟成员。它是仅次于汉堡的德国造船业的中心，自 19 世纪 60 年代被选作德意志帝国战争港口以来，一直是德国的主要海军基地之一。同时，优越的交通区位条件还使它成为德国最大的客运港口。今天，作为石荷州首府的基尔市拥有近 24 万人口和 120 平方千米的行政辖区范围。基尔也是一座传统的大学城，拥有与海军、造船、帆船和海洋研究领域相关的特色专业。

“基尔周”（Kieler Woche）起源于 1882 年在基尔举行的国际帆船比赛，经过百余

---

① 张伟．和谐共享海洋时代:港口与城市发展研究专辑．2012：220—226。

年的发展，已成为欧洲最重要的文化节庆之一，每年吸引来自世界各地 70 多个国家的 5 000 名帆船运动员和 300 万人次游客。德国皇帝威廉二世曾是基尔皇家游艇俱乐部的会员，1889 年曾亲临帆船比赛现场。他与其兄弟海因里希 · 冯 · 布鲁士一起倡导帆船运动。1905 年，“基尔周” 增设了机动船比赛，在 20 世纪的前 25 年里，先后有 6 000 艘船在基尔扬帆起航。

“基尔周” 在两次世界大战期间停办，第一次世界大战与第二次世界大战之间曾恢复举办，但不幸沦为纳粹的宣传工具。1936 年基尔首次成为奥林匹克帆船比赛的赛场。1945 年，战争结束后的 “基尔周” 在英国占领军的控制下开始逐步恢复举办，其活动内容扩展到帆船展览、文化节目、青年及市民节庆等诸多方面，影响力在德国乃至世界上不断扩大。1950 年，德国总统特奥多尔 · 豪斯（Theodor Heuss）光临 “基尔周”，此后多届德国总统和总理都参加过 “基尔周”。1972 年，奥林匹克帆船竞赛第二次在基尔举行，当年举办的帆船水手大游行成为保留项目继承了下来。1974 年，效法奥林匹克游戏街(Spiel Strasse)的做法，基尔在海岸步行大道上布置了游戏岸线（Spiellinie），并一直作为 “基尔周” 的特色项目得到传承和发扬。1936 年、1972 年举办的两次奥运会帆船赛，为基尔湾奠定了国际帆船世界的泰斗地位，这里至今仍是德国国家队测试赛艇的场所。航海协会通过国家奥林匹克委员会的十二项指标评估，确定基尔为德国和国际帆船运动胜地。

二、“基尔周” 节庆活动内容

“基尔周” 在每年 6 月的最后一个完整周举行，官方开幕式于 6 月的倒数第二个星期六晚上格拉森钟敲响后在霍尔斯坦步行街举行。而非正式的市民节庆则于星期五晚上在市政厅广场上搭舞台、试音时就已经拉开序幕。“基尔周” 一共持续 10 天之久，于 6 月的最后一个星期日在基尔湾燃放 20 分钟烟花后宣告结束。整个 “基尔周” 期间活动内容丰富多元，有超过 1 000 个官方项目，遍布于基尔城市的各个区域。它既是航海海事周，也是民间节庆周，同时还是文化研讨周和体育运动周（表 6-2）。

表 6-2　“基尔周” 节庆活动内容

节庆板块	主要节庆项目	活动内容
航海海事	航海竞赛	5 000 名赛手和 2 000 艘游艇、帆板和小型船只参加，40 场国际级别以及 10 个奥运级别的国际帆船赛事，上百条中桅纵帆船、纵横帆双桅船、横帆双桅船为游客提供享受有偿运载服务，近距离观看基尔航线、内城和席尔克湖(Schilksee)奥林匹亚港举办世界著名的帆船赛事，同时展示传统船舶驾驶技术

续表

节庆板块	主要节庆项目	活动内容
航海海事	水手大游行	“基尔周”的第二个周六，100 艘传统船只和 100 多名水手巡游基尔内港区
	舰船开放日	巡洋舰、护卫舰、海防舰、扫雷舰、消防船、高速摩托艇齐聚 Tirpitz 港，游客可以上船参观
	海军独桅前后帆快船比赛	30 艘快船和 900 名选手参加
民间节庆	“基尔周”开幕式露天舞台秀	民谣、流行、摇滚音乐及舞蹈
	国际集市（美食节）	来自世界各地的美食小吃、小型餐馆（内有音乐和舞蹈表演）和旅游纪念品销售摊点，集聚在市政厅前的广场与步行街上
	克鲁森寇珀（Krusenkoppel）露天古典音乐节	基尔交响乐团举行露天古典音乐会
	儿童游戏岸线	孩子雕塑制作区、消防演习表演区、戏水区、沙画区、泥巴池、蹦极、软体游乐设施等
文化研讨	文艺演出	市中心步行街区上开展行走、滑稽、魔术、杂技和哑剧等各种小规模艺术表演，城市高雅艺术表演场所在“基尔周”期间上演歌剧、戏剧和芭蕾
	文化艺术展览	城市博物馆和美术馆举办特展
	文化与时事论坛	当地研究所、研究协会和俱乐部邀请游客参加文化与时事研讨
文化研讨	北欧国家的国会代表会议	来自环波罗的海周边的北欧国家国会代表会议在州议会大厦举行，座上客还有各国外交使团
	国际城市论坛	参加者来自分布全球的基尔市姊妹城
	全球经济奖颁奖仪式	基尔世界经济研究所与基尔州商务部在基尔大学联合颁发全球经济奖
	海洋科普展览	基尔大学海洋科学研究在水族宫承办
体育运动	体育赛事	自行车、高尔夫、篮球、保龄球、手球、马球、橄榄球、滑板、象棋和少年越野赛等 30 多项体育比赛

资料来源：http://www.kieler-woche.de/，Werner Scharnweber, Kiel und Umgebung,Edition Temmen, 2000. Hans Koachim Kuertz, Kiel-Bilder einer Foerdestadt. Verlag Boyens & Co.1995.

三、“基尔周”节庆产业链构成

“基尔周”节庆产业以航海海事文化为核心，带动了当地的航运业、造船业、休闲度假业、餐饮业，以及都市观光旅游业、会展博览业、文艺表演业、体育产业、教育培训等诸多文化产业。

首先，世界著名的帆船赛和大型海事表演带来了夏季客运航线的繁荣。每年的“基尔周”，来自世界各地的邮轮和私人游艇、帆船会不约而同地汇集基尔城，这里因此也成为欧洲邮轮母港之一，并成为辐射波罗的海沿岸的活动帆船器材制造地和维修保养基地。其次，学龄少年儿童在“基尔周”期间有机会通过坐落在海滨步行大道上 24/7 帆船营的培训课，亲自尝试驾驶传统帆船。目前这种培训教育已经扩展到了节日以外的时段。培训对象不再局限于青少年，训练内容也延伸到了各种小型船舶的操作技巧。这项针对帆船的专门教育培训传统始于 1910 年基尔游艇学校的创立，航海驾驶教育培训因此也成为基尔城的特色产业。第三，节日期间整个城市都沉浸在节庆氛围之中，除了内城中心区的基尔海岸步道沿线，基尔港湾中依托体育港发展的休闲岸线也迎来了夏季黄金期，基尔周边的拉布尔海滩、海肯多夫海滩、弗里德里希斯沃特海滩的休闲度假别墅和宾馆总是生意爆满，一房难求。第四，节庆期间开设的国际集市规模可观，200 多个大大小小的临时摊点布满市政厅广场和整条福里霍恩（Fleethoern）步行街两侧，经营品种丰富，从各国风情小吃到特色旅游纪念品，应有尽有，国际氛围十分浓郁。此外，城市各类主题博物馆、展览馆也充分发挥自身功能，大大丰富了节庆期间都市旅游观光内容。坐落在市中心的瓦勒贝格霍夫城市博物馆海事史展览和位于从前一个鱼市上的航海博物馆，以其鲜明的港口文化主题特色博得了众多游客的青睐。天文馆、地质和矿物博物馆、古代艺术品收藏馆、戏剧史博物馆、赫伯尔收藏馆以及基尔艺术馆也给人带来美好的视觉感受和意想不到的收获，有利于外地游客更加系统全面地了解这座港城的历史文化。

四、“基尔周”节庆营销与运作方式

“基尔周”最初由基尔皇家游艇俱乐部（Kaiserlichen Yacht Club Kiel）创办组织。它远非一项运动项目，而是德国一件社会大事，皇帝、国王、工业家在“基尔周”开始的几年都参与帆船比赛。作为一种传统和国家文化营销策略，如今德国总统、部长和外交官也是“基尔周”的常客。节庆期间，来自经济、政治、体育和文化领域的国际人士集聚基尔参加高峰研讨，大大增强了该节庆活动的国内外影响力。

帆船比赛作为一项专业赛事，其组织主体最初为游艇俱乐部和德国航海协会，目前北德赛舟协会、汉堡帆船俱乐部以及万海（wannsee）帆船协会等专业组织也加盟其中。多年来，基尔市政府一直作为整个“基尔周”综合节庆的统筹组织者。为了打造城市品牌，更好地发挥节庆产业的作用，市政府成立下属的城市形象营销有限责任公司，专门进行基尔城市形象营销和运作。其营销的基本任务是规划、组织和管理与水和航海运动相关的国内和国际事件；发展深化事件主办者的理念；协调港口、水上运动和“基尔周”之间的关系，通过营销打造州府基尔形象，提

升基尔城市的地位。作为世界航海之都，基尔注册“基尔·航海城”的国际商标，同时也设置了城市网络营销主页，并将“基尔周”作为重要的营销板块来打造。“基尔周”还通过构建志愿者服务体系，有效激发市民参与协助政府组织各项节庆活动。近年来公司注重打节庆组合牌，推出了另一项别具特色的“船港之夏”节庆活动，每年6月底到7月底举行，作为“基尔周”活动的延续。活动内容主要针对年轻人，有青少年水上运动、帆船专业训练、青年乐队音乐会以及船模比赛等。此外，新设立的11月冰雪节则是对冬季旅游淡季的补充。

早在基尔市开展系统城市形象营销之前，“基尔周”就已经有十分悠久的国际化营销历史。一年一度的“基尔周”招贴国际设计竞赛始于1948年，这种竞赛不仅成为节日的一项文化活动，而且也在西方图形设计家心目中占有重要位置，一直引领着图形设计的时代潮流。自1974年起，竞赛的范围更是从单纯的招贴画扩大到了与节日有关的一系列宣传品设计，包括招贴、节目单、请柬、船牌、纪念品等等，吸引着世界各地艺术设计家的参加。

近年来，在“基尔周”的节庆运作过程中，私人赞助商发挥的作用越来越大。例如，奥迪公司在节庆期间提供专业后勤服务，负责接送赛事贵宾和船只。此外，北美SAP（数据程序系统、应用与产品）公司、维欧里亚环境服务公司（Veolia Umweltservice）、汉堡—石—荷州北部银行（HSH Nordbank）也加入了赞助商的行列。在节庆组织策划和投融资方面，“基尔周”采用PPP模式（公共部门与私人部门为提供公共产品或服务而建立各种合作关系），广泛吸纳包括企业、零售商、餐饮业、游客、协会、媒体、经济研究机构、市民的参与。因此，“基尔周”可以说是政府、企业、研究机构、NGO和私人共同组织的活动。

第四节　浙江海洋节庆的整合发展与品牌塑造

一、发挥政府主导作用，创新节庆运作体制

旅游节庆运作涉及部门、行业和企业众多，需要由政府部门出面，对运作实行整体协作，以维护节事期间的正常社会秩序。但国内外实践表明，节庆活动只有走入市场化运行轨道，才具有生命力，才算得上是一个成熟的产业。因此，浙江海洋文化节庆的整合发展与品牌塑造须按照“政府推进、行业联动、市场运作、社会参与”的运

作方式，遵循“资金筹措多元化、业务操作社会化、经营管理专业化，活动承办契约化、成本平衡效益化、管节办节规范化”的市场经济的基本规律和原则实行市场化运作，吸引大企业、大财团和媒体参与，形成节庆良性循环发展。完全可以借鉴舟山国际沙雕节的运作模式。从第四届起，沙雕节引入市场运作机制，成立了舟山国际沙雕公司，该公司策划、组织、实施沙雕节及相关经营业务，使节庆活动越办越好，实现了由过去单一的政府主导到现在的“政府主导、企业运作、市场化操作”质的转变。该公司每年实行总冠名权转让，协办单位出资，配套活动分别冠名，中小企业赞助的方式为活动筹措相当可观的资金，并根据具体协议内容，为各大企业在电视媒体、报纸、电台、广告牌、宣传单上打广告，真正意义上实现了双赢。

目前浙江海洋文化节庆的组织机构一般是×××节庆组委会，这一机构在统筹、协调、组织节庆活动的过程中扮演了重要角色，但从节庆产业的发展来看，更需要一个卓有成效的公司化运作体系。因此，建议组委会下设国资控股的海洋文化节庆有限责任公司，负责与文化节庆相关的市场营销、竞赛组织、项目开发和运作工作。创新投融资体制，充分挖掘多方资金潜力，引导社会资本进入节庆文化产业领域，积极探索投资参股、风险投资、偿还性资助等形式，采取租赁、转让、特许经营等方式鼓励民间企业参与到节庆文化产业的开发建设中来。

二、延长节庆产业链条

目前浙江海洋文化节的活动内容十分有限，文化节庆还停留在文化宣传和港区招商推介层次上，尚未形成完整的上下游节庆产业链，在推动经济发展方面发挥出其潜能效用。以宁波国际港口文化节为例，可以效法德国经验，在做好港口文化节上游的航运业、造船业的同时，兼顾下游的休闲度假、国际化餐饮、海上丝路主题观光旅游、宁波帮文化旅游、海事观光旅游、综合会展博览、文艺体育（排球）、航海教育培训等产业。目前，文化节的固定专项内容仅大型文艺晚会、港口与城市发展论坛和国际民间艺术展演三项。尽管期间还有集装箱吞吐量突破 1 000 万庆典仪式、中国港口博物馆项目奠基仪式、“向世界说明”主题活动等特色节目，但这类活动临时性强，很难形成长久的品牌效应。宁波国际港口文化节可充分吸收、借鉴德国港口文化节庆产业的经验，从如下四个方面扩展活动内容：一是借助地方优势资源，发展海事观光，通过海防博物馆、港口博物馆的专题展览、舰船开放日等活动，开展海事国防教育和爱国主义教育；二是利用北仑女排训练基地和国际女排精英赛的影响以及规划建设中的慈溪杭州湾新区长三角体育休闲会议基地，发展港口体育休闲产业，使其成为港口

文化节的重要支撑单元；三是充分利用宁波海上丝绸之路起点和大运河终点的历史地理区位特点，挖掘海上丝绸之路、运河文化，使其成为宁波国际港口文化节的特色主题；四是挖掘近代宁波开埠并设立外国人居留地的历史，开发国际化背景活动版块，如国际游艇赛、国际船模赛、国际业余自行车赛、国际旅游纪念品集市、国际美食周、国际邮票展、国际海报展等。

三、以人文本，提高大众参与海洋节庆的积极性

国际节庆协会总裁兼首席执行官史蒂文曾指出："中西方在办节庆理念方面差异较大，东方办节更讲究经济回报。而对于我们来说，节庆最高的目标是给人创造欢乐，给人以希望。节庆活动本身的创意，是我们最为重视的东西。"因此，成功的节庆活动应该最能吸引更多的公众参与。这就需要主办者在筹划活动时牢记"以人为本"，形成节庆的魅力。

浙江各地的海洋文化节庆活动要从本地需求与特色着眼，深入挖掘为广大人民所熟知的海洋文化内涵，扎扎实实地以服务当地社区、丰富当地社区生活、提高当地社区精神文明建设为出发点，把海洋节庆活动与当地的历史文化、民俗风情、产业特征和自然风光结合起来，以真实的本土文化为基础，以当地群众的参与营造浓厚节日气氛，满足大众精神文化生活的需要。比如宁波象山的"三月三，踏沙滩"民俗节庆活动，在继承传统民间艺术基础上，深入挖掘了海达渔鼓、象山小唱、延昌鱼灯、渔家号子、鹤浦龙灯、海涂经、东门船鼓、昌国抬阁、辣螺姑娘招亲、织网比赛等渔俗文化表演以及请妈祖、拜菩萨等民俗活动，丰富了活动内容，充实了文化含量，淋漓尽致地展示了魅力独具的海洋风光和渔区文化，体现了群众性、参与性、游乐性的特点，打响了品牌效应。

四、深入提炼海洋文化内涵，精心设计各地标志性节庆品牌

在对全省现有的海洋节庆资源进行调查摸底，厘清全市各类节庆活动的承办主体、经费构成、举办时间和主题内涵的基础上，将浙江各地以海岛文化、舟楫文化、渔业文化、港口文化、民俗文化、海鲜文化、海商文化、宗教信仰文化等为主要内涵的节庆活动归纳提炼主题，并着手对现有海洋节庆资源进行有效整合。

比如，宁波就可以提炼出"渔"与"港"两大核心主题。海洋渔文化节庆活动可以以"宁波象山·中国开渔节"为主体，整合宁海长街蛏子节、宁海时尚海钓节、象山

国际海钓节、象山“三月三，踏沙滩”旅游节、象山海鲜美食节、象山海涂节等系列活动，增强活动的互动性、参与性，进一步演绎宁波丰富多彩的渔文化，拓展宁波在海内外的影响。港口文化节庆活动可以以“宁波·中国国际港口旅游节”为核心，依托北仑港、象山港、镇海港等有形载体，整合现有中国外滩节、中国海上丝绸之路文化节、杭州湾大桥国际旅游节、北仑港城文化节等各种节庆活动，充分展示宁波作为东方大港的魅力。

整合后的海洋节庆活动，特色鲜明，统一营销宣传，统筹策划运作，可以最大限度地发挥当地节庆的综合效应。

五、打破地域、行业界限，打造“浙江·中国国际海洋文化节”整体品牌

浙江要打造更高认知度的海洋文化节庆整体品牌，还需要突破行政区划的割据障碍，多地联动，加强省内各地市多层次、宽领域的合作。宁波、舟山、台州、温州、杭州、嘉兴等多地要加强合作，将中国开渔节、港口文化节、国际沙雕节、观音文化节、海鲜美食节、国际海钓节、象山海边泼水节、中国钱江观潮节、温州抗倭文化节等整合为“浙江·中国国际海洋文化节”，努力将其打造成国际著名的节庆品牌。而要实现这样的整合，更要建立起在地理位置上相对集中，具有相关性的文化企业、文化产品供应商、金融机构、相关产业的厂商以及其他相关机构等组成的节庆文化产业集群，也包括辅助产品制造商、相关基础设施供应商，以及提供专业化培训、信息、研究开发、标准制定等相关的协会、中介机构等民间团体，进行各部门、各行业、各经营实体之间的合作。

六、创新海洋文化节庆发展思路，培养“亮点”“热点”“卖点”

成功的节庆活动一定是具有可持续性的，而可持续性必须根据社会的发展变化，在维持各节庆活动基本宗旨不变的前提下，在内容和形式上不断变化，坚持创新。浙江海洋文化节庆品牌塑造需做到：一是策划有“亮点”的主题活动，提高大众关注度；二是策划有“热点”的主题活动，形成社会焦点；三是策划有“卖点”的主题活动，增强商务运作能力。舟山国际沙雕节的成功经验就值得我们借鉴。从第一届至第十七届，其组雕的主题和造型不断创新，注重对活动内涵的挖掘，充分发挥了沙雕活动本身的无穷魅力，使沙雕艺术开始了内容与形式的共同升华（表 6-3）。

表 6-3　舟山国际沙雕节主题

届　别	主　题	举办时间
首届舟山国际沙雕节	和平与友谊	1999 年
第二届舟山国际沙雕节	世纪奇观	2000 年
第三届舟山国际沙雕节	欧洲文明起源	2001 年
第四届舟山国际沙雕节	世界古代八大奇观	2002 年
全国沙雕邀请赛	人类与环境	2002 年
第五届舟山国际沙雕节	丝绸之路	2003 年
第六届舟山国际沙雕节	至爱永恒	2004 年
第七届舟山国际沙雕节	走向海洋	2005 年
第八届舟山国际沙雕节	动漫 Party——让海滨度假更浪漫	2006 年
第九届舟山国际沙雕节	奥运史话	2007 年
第十届舟山国际沙雕节	世界海岛公园	2008 年
第十一届舟山国际沙雕节	未来海洋之城	2009 年
第十二届舟山国际沙雕节	非洲之旅	2010 年
第十三届舟山国际沙雕节	沙雕迪士尼	2011 年
第十四届舟山国际沙雕节	沙雕电影梦幻之旅	2012 年
第十五届舟山国际沙雕节	蓝色海洋梦	2013 年
第十六届舟山国际沙雕节	欢乐海洋	2014 年
第十七届中国舟山国际沙雕节	一沙一世界	2015 年

七、挖掘内涵，坚持大众参与

许多品牌节庆活动之所以能长久延续和传承，是因为它们是长期发展、积淀、演变而来的，并根植于人民大众的民族感情、民族信仰和生活习俗之中[①]。

海洋节庆活动的文化内涵主要包括传统文化内涵、时代文化内涵和外来文化内涵。其中，传统文化内涵就是海洋节庆文化本身具备的体现沿海地区本土风情的文化，它是节庆活动的基石；时代文化内涵是随着时代的发展，海洋节庆文化与时俱进，在传统文化的基础上增加的创新元素；外来文化内涵是海洋节庆活动在举办的过程中，随着当地居民的观点逐渐发生变化，吸收外来游客带来的文化的产物。海洋节庆活动文化内涵是这三种文化的综合体。

另外，为了把海洋节庆活动搞得生动活泼、有声有色，就必须在大众参与上狠下工夫。因此，在策划过程中要大力宣传海洋节庆活动，增强沿海、海岛区域广大群众

① 王春雷. 2009 中国节庆产业发展年度报告，天津：天津大学出版社，2010:16。

的兴趣，吸引他们积极参加，同时举办大量的参与式项目。这样才能集聚人气、渲染气氛，使活动更有气势、有声势，从而产生节日的热烈感觉。具体到对节庆的主题、内容、形式的探讨上，或在节庆广告语、会徽、吉祥物及纪念品的设计上，都需要积极发动当地群众和文化界、知识界的专家学者献计献策。只有事先经过深入的市场调研，有着广泛的群众基础并深得人心的海洋节庆活动才能唤起群众的参与热情。

八、精心策划，全方位展开海洋节庆品牌的宣传推介工作

宣传造势，强力推介，是城市节庆活动产生轰动效应，打造品牌的基础。因此，塑造浙江海洋文化节庆品牌必须在宣传推介上花费力气。在宣传定位上，要明确主攻方向，确定市场策略，全力推销海洋文化节庆；在宣传内容上，着力宣传浙江的海洋历史文化、自然风光、人文景观、建设成就和投资环境等，以激励当地居民奋发向上，并吸引国内外人士前来观光、旅游、进行经贸洽谈；在宣传方法上，要分阶段进行，即分节前、节中、节后三个阶段，每个阶段突出不同的重点，提出不同的要求，对筹备工作及节庆期间的系列活动进行及时、全面、高质量的宣传报道；在宣传形式上，要做到全方位、立体化，调动本地以及区域外的一切宣传工具和手段，进行全方位的宣传，大造海洋节庆的声势。[①]

① 苏勇军．宁波市海洋旅游节庆品牌塑造研究，渔业经济研究，2009(5):24-28。

第七章　浙江港口文化创意产业发展

2011 年 2 月，国务院正式批复《浙江海洋经济发展示范区规划》，浙江海洋经济发展示范区建设上升为国家战略。批复中指出，建设好浙江海洋经济发展示范区，关系到我国实施海洋发展战略和完善区域发展总体战略的全局。为了实现建设国际强港目标，当前，除了抓紧落实体现港口建设经济指标体系相关内容外，加强港口文化建设，以文化促进港口经济发展，增强港口前瞻性、科学性发展尤显重要。

第一节　浙江港口文化概述

港口的形成和发展促进了区域城市的兴起，而区域经济的发展、科学技术的进步、集疏运网络的完善又带动港口规模的扩大、港口功能的增多。港口作为一个特殊的经济实体，以一定的腹地为依托，以较为发达的港口经济为主导，连接着陆地文明和海洋文明。因此，港口文化是港口所在地区域文化的重要组成部分，它既是城市个性的体现，同时又促进区域经济的发展，成为区域发展的重要标志。

一、港口发展的基本规律

古代港口一般选址在河网纵横、水路交通便利、人口相对集中的内河合适地段，而后，随着社会经济的发展，港口开始向河口地段迁移。河口地区河流纵横交错，水运资源丰富，这种特有的优势不仅是水上运输发展的基础，而且也为近代经济的发展提供了条件，进而推动古代河口港的形成和近代河口港的发展。河口地区也往往是近代经济发展最早的区域，因此近代经济发达的河口地区往往是对外贸易通商较为繁荣之地，河口港的兴起就是为了满足当时河口地区商贸货运的需求。这就是为什么宁波老港、营口港、天津港、广州港、泉州港等港口最早兴起的缘由。

随着现代经济的发展和港航技术的进步，早先发达的河口港的航道和泊位难以满足大型船舶全天候进出港靠泊的要求，有限的吞吐能力也不能满足其腹地经济贸易和货物运输发展的需求，传统的河口港反而成为建成现代国际枢纽港的制约因素。为了克服制约因素的影响，国内外曾经发达的河口港，或斥巨资进行内河水系的航道整治，加深航道和港口的水深，或将港口延伸或迁移到沿海深水处，使传统的河口港逐步演变为深水海岸港。从河口港到深水海岸港的发展，大大提升了港口的能级，扩大了港口为腹地经济发展的服务能力，增强了港口的市场竞争力。而随着国际、国内经贸发展和船舶大型化的进一步发展，位于大陆附近的海岛港口航道则可依托沿海港口城市，具有海陆两个方向上的空间利用优势，且海岛港口航道资源大多处于国际航线或沿海线上，可与海岸港口有不同的分工，并形成自身特色。因此，对于有近岸岛屿港口航道资源的沿海地区，港口发展最后将进入海岸海岛组合港阶段。

二、浙江主要港口及其文化发展概述

浙江港口资源丰富，开发历史悠久，沿海主要港口有宁波港、舟山港、温州港等（图 7-1），在长期的演进过程中，既见证了浙江的对外交流历史，同时又构成了浙江港口文化的区域特色。

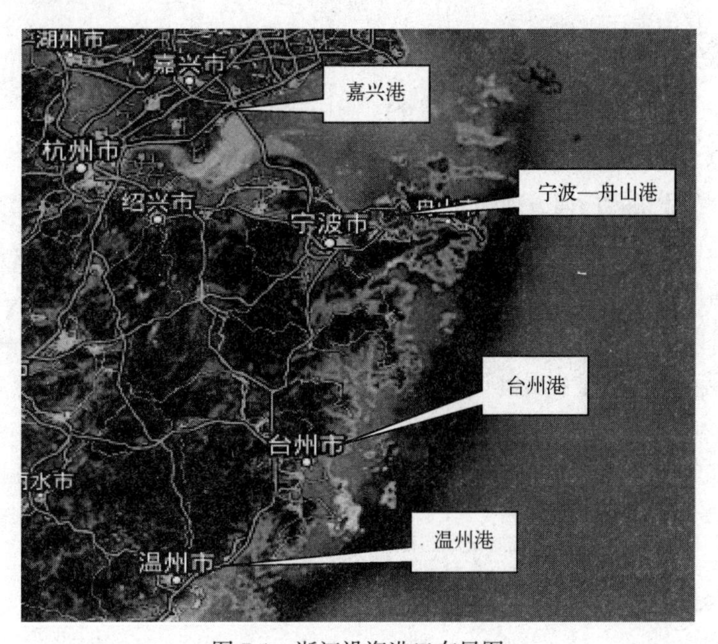

图 7-1　浙江沿海港口布局图

（一）宁波港

宁波城市的形式与发展，与港口的开发和兴衰紧密相联。早在公元前 4 世纪，宁波就有古越国水军营建的要塞句章港，这是我国最古老的港口之一。春秋时期，越王勾践为报仇雪耻，在越国打造战船，训练水师，并于公元前 468 年率“死士八千，戈船三百”[①]，自会稽经海道北上琅琊图谋霸业。秦统一六国后，越民为避祸，遂驶船从海上南下至闽广台澎。元鼎六年（公元前 111 年），东越王馀善反叛朝廷，武帝派横海将军韩说率领军队，从句章乘船出海，于次年冬攻入东越。吴景帝永安七年（264 年）四月，魏军从海道南下偷袭句章，被吴将孙越“缴得一船，获三十人”[②]。东晋安帝隆安三年（399 年），琅琊人孙恩率部自海道南下至浙东沿海，入大浃口（镇海口），溯甬江，攻下句章，句章县治迁往小溪（今鄞江桥）。这些军事行动，表征了历史时期句章港的军事战略地位，形成了相应的港口军事文化。这些大规模、远距离的航海活动，为以后明州港的建立和发展创造了条件。

在唐代，宁波已是“海外杂国、贾船交至”[③]的主要对外贸易港口，与扬州、广州并列为我国对外开埠的三大港口。宋代，宁波港又与广州、泉州并列为我国三大主要贸易港，成为“海上丝绸之路”“瓷器之路”“海上茶路”的起点和通道，越窑青瓷、中国茶叶通过明州（宁波）口岸远销朝鲜、日本、东南亚以及阿拉伯等国家和地区。据日本学者统计，从 804 年到 1349 年，港口名称明载于史料，且通航日本的记录共有 112 次，其中宋代以前的 25 次中，宁波入港 1 次，出港 7 次；北宋的 22 次中，宁波入港 7 次，出港 12 次；南宋的 42 次中，宁波入港 14 次，出港 13 次；元代的 23 次中，宁波入港 17 次，出港 6 次[④]。

鸦片战争后，清政府被迫与英国签订了丧权辱国的《南京条约》，宁波港作为第一批条约口岸，被迫向西方列强开放。宁波正式开埠后，各国商人蜂拥而至，英、法等国采用夺取主权，建立据点，霸占海关、控制海口，垄断航运，推行洋化等一系列手段，全面控制宁波港的对外贸易和经济命脉。买办、通事、报关行业人员也纷纷聚集在宁波外滩，从事各种商务活动。按照当时的规定，五港开辟之后，其英商(包括其他外商)贸易之所，只准在五港口，不准赴他处港口，同时也不准华民在他处港口串通私相贸易。1850 年，宁波江北岸一带被强行划为外国人居留地和商埠区，于是在三江口特别是江北岸外滩一带，领事馆、外商洋行、银行、报馆、教堂、巡捕房云集，成

---

①（汉）袁康．越绝书，卷八《外传记地记》，上海：上海古籍出版社，1992。

②（晋）陈寿．三国志，卷四八《吴志三》，永安七年四月条，北京：中华书局，1982。

③（宋）胡榘修，方万里、罗浚，纂．宝庆四明志》卷六《叙赋下・市舶》，《宋元方志丛刊》本，北京：中华书局，1990。

④ [日]榎本涉．东亚海域与中日交流．东京：吉川弘文馆，2007：30-39。

为西方列强控制宁波港的桥头堡。

江北岸外滩一带在 19 世纪末已呈现出一派兴旺景象，当时，旗昌、太古、三井等许多著名的洋行都在外滩设有分支机构。据统计，1890 年在江北外滩的外国公司和洋行达到 28 家。在此前后，许多著名的中国金融、贸易、航运企业也纷纷进入江北。此后，随着温州、杭州等相继开埠，尤其是上海外滩崛起后，江北岸的对外、对内贸易便受到强势挤压，大量宁波商人奔赴上海寻求发展，宁波口岸的贸易地位逐渐削弱，曾经繁华、热闹的外滩渐趋沉寂。1927 年，中国政府收回了江北岸外人居留地的行政管理权，江北外滩在岁月的洗礼中完整地记录了近代宁波港的历史变化，成为浙江省唯一现存能反映港口文化的外滩。

1973 年，根据周恩来总理 3 年改变中国港口面貌的指示精神，宁波开始建设镇海港区，宁波港这个有着千年历史的古老港口实现了一次历史性跨越，由内河港走向河口港。

1989 年，宁波港的北仑港区被国家确定为中国大陆重点开发建设的四个国际深水中转港之一。由北仑、镇海、宁波老港组成的宁波港的功能被定位在建成上海国际航运中心的国际远洋集装箱枢纽港和以上海为中心的国际性组合枢纽港，使宁波成为长江三角洲地区的重要口岸。随着港口功能定位的确定，宁波老市区、镇海区、北仑区组成了生产生活设施相互独立，又有机联系的统一体。2007 年，宁波港百里港区拥有生产性泊位 305 座，其中万吨级以上大型泊位 60 座，包括 33 座 5 万吨级以上至 25 万吨级的特大型深水泊位，是中国大陆大型和特大型深水泊位最多的港口。同年，北仑港区五期集装箱码头项目开始建设，规模为新建 1 个 10 万吨级、1 个 7 万吨级、2 个 5 万吨级和 1 个 2 万吨级集装箱泊位及相应配套设施，码头总长 1 625 米，设计年通过能力 250 万标箱。2013 年 11 月，北仑港区五期集装箱码头工程已按国家批准的建设规模、标准和要求全面建成，并通过竣工验收，正式交付使用。

北仑港是宁波作为沿海港口城市的象征，拥有多座深水泊位组成的大型泊位群体，现已建设成为一个大型的、综合性的、具有国际中转功能的深水海港，有“东方鹿特丹”之称。北仑港域大部分水深在 50 米以上，航道最窄处宽度亦在 700 米以上。25 万吨级海轮可自由进出，30 万吨级可候潮出入。港口水域广阔，可供锚泊作业水面有 34 平方千米，可容万吨以上船只 300 艘同时锚泊。目前，北仑港的煤炭接卸能力已超过 1 000 万吨，原油和成品油吞吐能力已超过 3 000 万吨。北仑港区宽阔的深水锚地和优越的地理位置是开展国际集装箱、海上原油过驳、散杂货运输、化肥灌包中转的理想区域，可接卸第五、第六代集装箱船舶，并已进入全球 10 个能接卸 30 万吨级货轮的深水大港行列。2013 年，全港年货物吞吐量完成 4.96 亿吨，继续位居中

国大陆港口第三、世界前四位；集装箱吞吐量完成 1 677.4 万标准箱，箱量排名保持大陆港口第三位，仅次于上海港和深圳港[①]。

（二）舟山港

舟山地处我国东南沿海，长江口南侧，杭州湾外缘的东海洋面上，地理区位优势十分明显：背靠上海、杭州、宁波等大中城市群和长江三角洲等辽阔腹地，面向太平洋，具有较强的地缘优势；踞我国南北沿海航线与长江水道交汇枢纽，是长江流域和长江三角洲对外开放的海上门户和通道；与亚太新兴港口城市台湾基隆港、日本长崎港、韩国仁川港呈扇形辐射之势，相距均不超过 1 000 千米，发展对外贸易条件极为有利。

舟山港口开发历史悠久，春秋时，舟山属越国，称“甬东”，又喻称“海中洲”。秦朝，徐福奉命往东南沿海的蓬莱、方丈、瀛洲三岛寻找长生不老药，历尽艰辛来到舟山群岛，认定境内的岱山岛即为“蓬莱仙岛”。唐开元二十六年（738 年）舟山置县，以境内有翁山而命名为“翁山县”，隶属明州。唐大历六年（771 年），因袁晁率起义军攻占翁山而被撤废县治。北宋熙宁六年（1073 年）再次设县，更名“昌国县”。因舟山“东控日本，北接登、莱，南亘瓯、闽，西通吴会”[②]这一特殊的地理位置，自唐代明州与日本间开辟了航线后，舟山就成为明州的外泊港，外来海船到此停泊候检，外出海船在此补给并候潮启航，成为海上“丝绸之路”的重要通道。

明洪武至隆庆元年（1368—1567 年），朝廷实施了长达 200 年的“海禁”，期间，进抵普陀山莲花洋面和沈家门停泊的朝贡船舶，均由官府负责接待，提供酒、水和粮食，并引入宁波港。明正德年间（1506—1521 年），海外各国在中国沿海进行的“私泊”贸易不断增加，至 16 世纪中叶，随着葡萄牙等欧洲殖民主义势力的东侵以及我国对美洲的海外贸易和中日间的朝贡贸易，使舟山当时的贸易呈现出繁荣景象。当时六横岛上的双屿港成为亚、欧诸国商人云集的繁华商港，长住外商 3 000 余人，成为事实上的“自由港”。

清康熙年间（1662—1722 年），在广东等地官员的要求下，朝廷解除海禁，在江、浙、闽、粤四省设置江海关、浙海关、闽海关和粤海关，从事对外通商贸易，四口通商时期由此开始。舟山重新开放为外贸口岸，并设立负责管理贸易事务的“红毛馆”。

鸦片战争中，英军先后两次攻占定海，均与英国觊觎舟山的战略位置与通商要津

① 浙江省发展和改革委员会网站：我省宁波港 2013 年集装箱吞吐量居大陆港口第三位，http://www.zjdpc.gov.cn，2014 年 1 月 16 日。

②（元）冯福京等，昌国州图志，卷一《叙州 · 沿革》，《四库全书》文渊阁本。

有关。1842 年 8 月，中英签订《南京条约》，英国除获得广州、福州、厦门、宁波、上海五口通商及割让香港与赔款等条款外，第十二条还特别规定：“惟有定海县之舟山海岛、厦门厅之古浪屿小岛，仍归英兵暂为驻守；迨及所议洋银全数交清，而前议各海口均已开辟俾英人通商后，即将驻守二处军士退出，不复占据。”1846 年 3 月，在订立《退还舟山条款》时，还约定：“英军退还舟山后，舟山等岛永不给与他国；舟山等岛若受他国侵略，英军应为保护无虞。”不难看出，英国即便被迫按约归还，但仍对舟山念念不忘。

从 18 世纪中叶起，舟山群岛随着英国东印度公司商船的驶入，开始受到西方文化的影响。鸦片战争后，随着宁波的开埠通商，其外港舟山成为对外交流的前沿和西方文化的一个重要输入地，被西方人称为“基督教教区”。根据陈训正、马瀛编 1923 年所纂民国《定海县志》第四册丙志《礼教志第十三》统计，当时定海县属各类宗教徒人数为：佛教 2 649 人，道教 749 人，洋教 2 948 人（包括天主教 2 281 人，耶稣教 667 人）。洋教徒竟超过了佛教徒，从一个侧面说明了当地社会受西方文化影响之深[①]。

舟山港拥有丰富的深水岸线资源和优越的建港自然条件，可建码头岸线有 1 538 千米，其中水深大于 10 米的深水岸线 183.2 千米，水深大于 20 米以上的深水岸线为 82.8 千米。1981 年 5 月，舟山口岸开放。1987 年 4 月，国务院批准舟山港对外开放。随着舟山港的开发建设，已逐步形成以水水中转为主要功能的综合性主要港口，拥有定海、沈家门、老塘山、高亭、衢山、泗礁、绿华山、洋山 8 个港区，共有生产性泊位 352 个，其中万吨级以上 11 个。目前，舟山港与日本、美国、俄罗斯、朝鲜、马来西亚、新加坡等国有外贸运输往来，并开通了国际集装箱班轮，港口货物主要有石油、煤炭、矿砂、木料、粮食等。2003 年全港完成货物吞吐量 5 700 万吨，居全国沿海港口第九位。至 2013 年，港口货物吞吐累计完成 3.14 亿吨，同比增长 7.86%，成功跨入 3 亿吨大港行列[②]。

（三）温州港

温州港地处浙江南部、东南沿海黄金海岸线中部，其北邻上海港、宁波—舟山港、南毗福州港、厦门港，东南与台湾的高雄港、基隆港隔海相望，是我国重要的枢纽港和 25 个主要港口之一。

温州港建港历史悠久，早在战国时期，温州就出现了原始港口的雏形。唐代，温

① 王文洪. 西方人眼中的舟山——从档案史籍看西方人对舟山群岛的认知//张伟主编.《中国海洋文化学术研讨会论文集》. 北京：海洋出版社，2013：221—231。

② 中国舟山门户网站：2013 年我市港口货物吞吐量突破 3 亿吨，（[2014-01-1]]www.zhoushan.gov.cn）。

州的海外贸易逐步兴起，并开辟了日本值嘉岛直达温州的贸易航线。五代时，中原战乱纷扰，温州成为吴越国重要港口之一，设有博易务，温州海外贸易曰益兴盛。北宋时期随着造船业的兴盛和航海技术的提高，温州的海外贸易继续发展，至南宋绍兴初，在温州设立市舶务管理海外贸易，温州的海外贸易达到鼎盛。当时温州除了与东南沿海各港口之间有贸易往来之外，与东亚的日本列岛、朝鲜半岛诸国以及东南亚、南亚的交趾、占城，渤泥、三佛齐、真腊、印度、大食等国均有贸易往来。宁宗庆元初年（1195 年），“禁贾船泊江阴及温、秀州”[①]，温州市舶务撤罢，温州的海外贸易一度陷于停顿。元至元二十一年（1284 年），在温州设立市舶司，温州成为元朝对外开放的七大港口之一，温州的海外贸易恢复了往日的繁盛景象。至元三十年（1293 年），整顿市舶机构，温州市舶司并入庆元市舶司，但温州的海外贸易并未完全断绝。

明清时期，长期实行海禁政策，虽然其间清康熙二十四年（1685 年）温州海关分口的设立一度使温州的海外贸易有所复苏，但起色不大，温州的海外贸易基本处于停顿或半停顿状态。

1876 年，中英《烟台条约》签订，温州被辟为通商口岸。1877 年 2 月，温州海关成立，8 月又改称瓯海关。随着温州港的对外开埠，基督教、天主教教会、教堂等纷纷在温州建立，西方近代文化涌入温州。新中国成立后，随着洞头、一江山、披山、大陈、北麂、南麂等岛屿相继解放，温州沿海航线畅通。1957 年 2 月 21 日，国务院正式批准温州为准许外国籍船舶进出的 18 个沿海港口之一，成为当时浙江省唯一对外开放的港口。但因“大跃进”运动和当时的战备形势，在日后 7 年多的时间里，温州港并未接待过一艘外轮，直到 1964 年，温州港等沿海 17 个港口被批准对日轮开放，温州港才真正走上了对外开放之路。随着腹地综合运输体系的不断完善，2008 年 9 月 1 日，《温州港总体规划》获得交通运输部和浙江省政府的批准。

根据《温州港总体规划》，温州港划分为七个港区，包括状元岙港区、乐清湾港区、大小门岛港区等三大核心港区以及瓯江港区、瑞安港区、平阳港区、苍南港区四个辅助港区。温州港将逐步成为赣东、闽北等地区对外交流的重要口岸，对内辐射浙西、皖南、闽北、赣东等广大地区，对外面向太平洋，日本、韩国和东南亚各国许多港口，都分布在以温州为中心的近海扇面上。温州港现已与德国、英国、意大利、俄罗斯、美国、阿联酋、日本、韩国、印度、新加坡、我国香港及台湾等国家和地区的 50 多个港口有航运业务和贸易往来。水路货运航线贯通中国南北沿海主要港口以及长江沿线等地，成为南北海运和诸多国际航线必经之路（表 7-1）。

① （宋）胡榘修，方万里、罗浚纂. 宝庆四明志，卷六《叙赋下・市舶》，《宋元方志丛刊》本，北京：中华书局，1990。

表 7-1　温州港港区划分及功能

港　区	主要功能
状元岙港区	建设以集装箱、散杂货运输为主的综合性港区
乐清湾港区	承担集装箱、大宗散货运输为主，具有临港工业、商贸、现代物流等多功能的综合性大型港区
大小门岛港区	以油气、煤炭、铁矿石运输为主
瓯江港区	为保障温州中心城市生产和生活物资运输的重要港区，承担集装箱、件杂货、能源等物资运输
瑞安、平阳、苍南港区	依托当地城镇发展和沿海产业带建设，服务于当地社会经济发展，加快发展临港产业，主要发展原油储运和中转业务等

（四）台州港

台州港是浙江沿海地区性重要港口、我国对外开放的一类口岸，承担腹地能源物资、原材料的中转运输，是集装箱运输的支线港和对台贸易的重要口岸，具备装卸储存、中转换装、临港工业开发、现代物流、综合服务、城市景观等功能，是民营化特色明显的综合性港口。2007 年 2 月，省政府批复《台州港总体规划》，明确台州港是浙江沿海地区性重要港口。台州港由大麦屿、临海、海门、黄岩、温岭、健跳六港区组成（表 7-2）。

表 7-2　台州港港区划分及功能

港　区	主要功能
大麦屿港区	划分为鲜迭、大岩头、大麦屿、连屿、普竹 5 个作业区，以大宗散货运输为主，疏港方式采用公路和铁路两种方式
临海港区	大力开发建设深水泊位、发展临港工业，并接受海门港区功能的转移，头门岛北部作为远景预留发展区
海门港区	逐步退出部分岸线，并随临海头门作业区建设逐步开展港区功能调整，以增加城市生活岸线
黄岩港区	受椒江大桥和前沿水深影响，以 3 000 吨级以下船舶运输服务为主，后方配套陆域发展，增强服务市区生产生活的功能
温岭港区	重点发展位于东部沿海的龙门、沙山、石塘作业区，永安作业区维持现状
健跳港区	建成以电力为主的临港型工业基地等

台州港立足于台州实际，注重发展特色港口，台州港的基本定位是“一型三化”，即腹地立足内源型、港区功能差异化、投资主体多元化、资源整合一体化。

（五）嘉兴港

嘉兴港即乍浦港，位于杭州湾跨海大桥北侧，是浙江北部唯一的出海口和海上对外贸易口岸，是国家一类开放口岸，也是杭州湾北岸制造业基地的核心区域。嘉兴港

具有良好的深水岸线和港口条件，集疏运条件便利，距离上海、杭州、宁波三地均在100千米左右（表7-3）。

嘉兴港岸线东起浙江省与上海市接壤的平湖金丝娘桥，西至海盐长山闸，自然岸线长约74.1千米，可供建设生产性码头岸线约26.5千米（其中深水岸线约23千米、非深水岸线约3.5千米），已建码头泊位共使用岸线3 948米（其中深水岸线3 415米、非深水岸线533米）。

表7-3　嘉兴港港区划分及功能

港　区	主要功能
独山港区	以承担煤炭、粮食等大宗干散货、液体化工品、件杂货运输及集装箱中转为主，后方建设煤炭、粮食物流园区，依托港口发展临港工业，逐步建设成为具有货物装卸储存、现代物流、临港工业等多功能的综合性港区
乍浦港区	主要建设液体化工、件杂货、多用途泊位，后方建设综合物流园区，为浙江乍浦经济开发区、嘉兴出口加工区和嘉兴市及周边地区生产、生活所需原材料及产成品的运输服务，逐步建设成为装卸储存、保税加工、现代物流、商务信息等多功能的综合性港区
海盐港区	主要建设散杂货、多用途泊位，后方建设散杂货物流园区，重点发展临港工业，为浙江海盐经济开发区、大桥新区和腹地生产、生活所需货物的运输及经济发展服务，逐步建设成为具有货物装卸储存、临港工业、现代物流等多功能的综合性港区

嘉兴港是浙江省沿海地区性重要港口，是长江三角洲港口群和上海国际航运中心的组成部分，是杭嘉湖及周边地区发展外向型经济的重要口岸，是建设杭州湾北岸产业带，打造先进制造业基地，发展临港工业、现代物流、保税、加工的重要依托。随着腹地经济和对外贸易发展以及港口设施和集疏运系统的不断完善，嘉兴港将逐步发展成为集装箱支线港和现代化、多功能的综合性港口。

（六）浙江港口一体化发展

宁波、舟山两港是浙江省港口的两大支柱，也是上海国际航运中心南翼的重要组成部分。近年来，浙江省经济快速发展，对外开放进一步扩大，外贸物资运输量大幅增长，经过多年的发展建设，两港已逐步形成一定规模。宁波、舟山两港处于同一海域、使用统一的航道和锚地、拥有相同的经济腹地，在自然属性上本来就是一个港口，只是由于行政区划和管理体制的原因，被人为地分割成两个港口，使两港的发展遭遇“尴尬”。

正是在这一背景下，浙江省委、省政府在2003年明确提出整合两港资源、加快两港一体化建设，并明确了“统一规划、有序建设、市场运作、加强协调”的指导思想，2005年更进一步确定了统一规划、统一品牌、统一建设、统一管理的“四统一”目标。宁波、舟山两港的一体化，不是一港加一港的简单算术式叠加，而将会有几何级数的变化，它既是浙江经济、社会发展的必然趋势，又是属于同一机体的自然组合。

2006年1月1日，宁波港和舟山港正式合并，新的港名“宁波－舟山港”正式启用，而原有的“宁波港”和“舟山港”名称从此退出历史的舞台。新成立的“宁波－舟山港管理委员会”具体负责协调管理。两港的合并创造了一个历史。2009年3月30日，《宁波—舟山港总体规划》获交通运输部和浙江省政府联合批复，这意味着宁波－舟山港作为我国沿海主要港口和国家综合运输体系重要枢纽的地位得以明确。宁波－舟山港海域岸线总长4 750千米，其中大陆岸线长1 547千米，列入《规划》的港口岸线总长449.4千米，其中大陆港口岸线136.7千米。规划明确宁波－舟山港是上海国际航运中心的重要组成部分，是长三角及长江沿线地区能源、原材料等大宗物资中转港，是发展临港工业和现代物流业的重要基础。

根据《规划》，宁波－舟山港共分为甬江、镇海、北仑、穿山、大榭、梅山、象山港、石浦、定海等19个港区，并明确各港区的功能定位和港口陆域。港口岸线的开发利用必须贯彻“统筹兼顾、远近结合、深水深用、合理开发、有效保护”的原则。在功能定位方面，《规划》指出宁波－舟山港具备装卸仓储、中转换装、运输组织、现代物流、临港工业、通信信息、综合服务、旅游和国家战略物资储备等多种功能。宁波－舟山港以能源、原材料等大宗物资中转和外贸集装箱运输为主，将逐步发展成为设施先进、功能完善、管理高效、效益显著、资源节约、安全环保的现代化、多功能、综合性港口。通过两港的资源整合，将做到规划、建设、品牌、管理“四个统一”，其整体竞争力大大提高，预计到2020年，宁波－舟山港的货物吞吐量将超过6.5亿吨，进入世界港口前三强。届时，宁波－舟山港将发展成为世界特大型港口和现代化的集装箱远洋干线港，跻身世界一流大港行列，成为国际港口界的品牌，并形成继往开来的一体化港口文化（表7-4）。

表7-4　宁波–舟山港港区划分及功能

港　域	港　区	主要功能
宁波港域	甬江港区	为宁波城市物资运输服务，发挥海河联运优势，以散、杂货运输为主
	镇海港区	发挥海铁联运优势，主要以石油化工品、内贸集装箱、煤炭和散杂货运输为主
宁波港域	北仑港区	以集装箱、大宗散货、石油化工品和散杂货运输为主，是具有保税仓储、现代物流、临港工业开发等功能的现代化、多功能、综合性的大型深水港区
	大榭港区	以集装箱、石油化工品和散杂货运输为主
	穿山港区	以集装箱运输为主，兼顾液化天然气和散杂货运输功能
	梅山港区	以集装箱运输和保税、物流功能为主
	象山港港区	以散杂货运输和电厂煤炭接卸为主，远期兼顾集装箱运输
	石浦港区	以煤炭、杂货等物资运输为主，并为陆岛交通和沿海客运服务

续表

港　域	港　区	主要功能
舟山港域	定海港区	主要为城市生活物资运输、旅游和客运服务以及原油、成品油仓储、中转运输为主
	老塘山港区	以木材、粮食等散杂货运输以及原油中转运输服务等为主
	金塘港区	以集装箱运输为主，并发展现代物流业
	马岙港区	为临港产业服务为主的综合性港区，以石油化工品等液体散货、煤炭和其他散杂货等运输为主
	沈家门港区	以省际、岛屿客运和当地物资运输为主，并发展邮轮运输
	六横港区	以集装箱、煤炭、石油化工品运输为主，凉潭岛进行矿石中转运输服务
	高亭港区	为东海油气田储存中转和临港工业园区服务，以油气品、杂货运输为主
	衢山港区	鼠浪湖作业区开展矿石中转运输服务，衢山岛以大宗散货运输为主，黄泽作业区结合临港产业开发，发展石油化工品和大宗干散货运输
	泗礁港区	承担大宗散货的储存和中转运输服务，结合港口后方土地适当发展临港工业
	绿华山港区	发挥深水和靠近长江口的优势，以水上过驳、水水中转为主，兼顾城市生活、旅游休闲服务
	洋山港区	重点发展集装箱运输、保税物流及相关的综合服务功能

据统计，舟山港在2015年的货物吞吐量实现8.9亿吨，同比增长1.8%，蝉联全球港口首位，与世界90个国家(地区)、560个港口实现通航，是中国超大型船舶最大的集散港和全球为数不多的远洋运输节点港。此外，宁波舟山港累计完成外贸货物吞吐量42 105.6万吨，同比增长0.5%；累计完成集装箱吞吐量2 062.6万标箱，同比增长6%。

此外，宁波港不但与舟山港合作，还与绍兴、台州、温州、金华等地合作，推进集装箱干支线和无水港建设，共同打造宁波、绍兴、舟山、台州港口水陆组合群。

第二节　港口文化与区域经济发展

港口文化是港口经济发展的重要支撑和助力，同时，通过发展文化创意产业、提高劳动力素质等途径也可以提升港口经济的发展质量。在现代港口经济发展过程中，港口文化对港口经济的推动作用，其效应日益显现。

一、港口文化与港口经济的关系

港口文化与港口经济之间存在着紧密的相互促进关系。马克思主义认为，经济与文化是一个辩证的统一体，经济是基础，最终起决定作用。文化是一定经济的反映，并反作用于经济，予经济以巨大的影响。经济、文化的相互影响与作用，推动着人类社会的不断发展。实践表明，港口文化、港口经济是一对相互作用的关系。

（一）港口经济是港口文化发展的基础

每一个时代的港口文化，总是与当时的港口经济发展相关联的，港口经济的发展，必然会带动港口文化的发展。如宁波（明州）港的对外贸易在宋代已十分发达，北宋著名诗人梅尧臣在《送王司徒定海监酒税》诗中说："悠悠信风帆，杳杳向沧岛。商通远国多，酿过东夷少。"[①]南宋张津《乾道四明图经》卷一《分野》中也说："南则闽、广，东则倭人，北则高句丽，商舶往来，货物丰衍。"梅应发的《开庆四明续志》卷八同样说道："倭人冒鲸波之险，舳舻相衔，以其物来售。"港口经济的发展，推动了明州港口文化的发展。当时宋代制订的《庆元条法事类》《榷货总类》等贸易法规，已成为明州商人的行为规范。随着对外贸易的开展，主张对外贸易开放的思想也相应产生，如北宋神宗年间，明州知州曾巩就主张对外开放，反对那种主张限制与"夷人蕃商"贸易的论调[②]。南宋宝庆年间（1225～1227年），知府胡榘上奏指出："本府僻处海滨，全靠海舶住泊，有司资回税之利，居民有贸易之饶。"[③]积极主张对外贸易，保护商人利益。与此同时，与海外贸易的发展相适应，南宋绍熙二年（1191年），明州兴建天妃宫，形成了浙东妈祖信仰的民俗。这些都是港口文化的重要体现。正是明州港口经济的兴盛，才形成了与之相适应的宋代港口文化，体现了港口的开放性、包容性与经济双赢性这一特性。

（二）港口文化可以促进港口经济的发展

港口文化的发展基于港口经济的发展，而港口文化的进一步发展，反过来又能为港口经济的发展提供支撑，推动港口经济发展。

---

①（宋）梅尧臣．宛陵集，卷二一，内府藏本。

②（宋）曾巩．曾巩集，卷三二《存恤外国人请著为令札子》，北京：中华书局，1984：471-472。

③（宋）胡榘修，方万里、罗浚纂．《宝庆四明志》卷六《叙赋下・市舶》，北京：中华书局，《宋元方志丛刊》本，1990。

1. 推动港口经济可持续发展

港口经济要实现又快又好地可持续发展，既需要有先进的战略思想为指导，以创新的战略思维制定港口的发展战略，也需要充分发挥港口职工的创造力和活力，以保障发展战略的贯彻实施。因此，加强港口的文化建设具有十分重要的战略性意义。概括地说，至少具有以下两方面战略性意义：加强文化建设，可以推进港口经济全面协调、可持续发展；加强文化建设，能促进港口两个文明建设。因为港口的发展体现在综合实力上，文化力是一个重要方面。改革开放后，我国港口的对外交往日趋频繁，港口文化的潜在支撑作用日益显现。这是因为，港口的文化氛围是吸引眼球的展示窗口，港口企业的视觉识别系统，诸如港旗、港徽、港口企业标志设计展现，这是外商的第一感官；同时，双方在交往中的大量文本、图册都将散发和传递企业的文化理念。所谓文化理念，指企业目标、企业宗旨、核心价值观等，尤其是港口精神，更能鼓舞人、激励人，调动职工的积极性和创造力。此外，其安全理念也有利于促进和谐港口建设。安全文化以保护人在从事各项活动中的人身安全与身心健康为目的，港口的行业特点决定了其加强港口安全工作的重要性，只有实现安全，港口经济发展才有保障。青岛、广州的港口文化中都有安全理念，以此保障港口贸易、港航物流、临港工业的安全，从而促进了港口经济的发展。

2. 港口文化有利于增强港口企业的凝聚力

港口企业的主体是人，促使港口经济的发展，关键是调动职工的积极性和创造力。只有通过加强港口文化建设，才能使整个队伍在先进的文化氛围中增强凝聚力，使经济发展在人本光芒下迸发出更大的活力。港口文化的核心价值是关心人，即关心职工，爱护职工，并把职工的积极性、主动性和创造性视作企业发展之本。只有这样，才能为港口职工的自我价值实现提供公平的机会，把他们的自我价值追求融入发展当中，保证港口发展有持久的活力和动力。也只有加强港口文化建设，将以人为本的思想融入港口发展的各个环节，以文化教育人、塑造人、激励人，立足于全面提高港口职工的思想素质、道德品质、行为规范等综合素质，从思想上、组织上、作风上、制度上入手，建设一支自觉奉献、勇于创新、拼搏进取、团结协作的港口企业职工队伍，才能推动港口经济发展。如大连港通过主题教育、组织丰富多样的群众文化活动凝聚职工，从而有力地推动了港口经济的发展[①]。

---

① 乐承耀．港口文化与宁波港口经济//张伟．和谐共享海洋时代：港口与城市发展研究专辑．北京：海洋出版社，2012:134－143。

二、港口文化创意产业发展实证研究：以宁波为例

21世纪是海洋世纪，随着海洋经济领域竞争的日趋激烈，港口开发建设至为关键，谁对海洋经济的认识更深刻，对港口文化建设更重视，谁就会在未来的海洋经济竞争中占得先机，增强经济发展的竞争力。宁波作为著名港口城市，在当代经济发展大趋势下，应充分利用自身优势，深入挖掘港口文化内涵，发展文化创意产业，以促进经济社会持续发展，全面提高城市竞争力。

如前所述，宁波城市的开拓与发展，与港口息息相关，其悠久的历史文化无不带上港口的烙印。在宁波城市特色塑造过程中，要充分体现和挖掘港口文化这一反映宁波城市特色的最本质的要素。在现代化城市建设中，要充分体现港口文化的浓厚氛围，培育港口文化创意特色产业。我们认为，宁波港口文化创意产业的发展应深入提炼港口文化内涵，依据《宁波市“十二五”时期文化发展规划》要求①，运用创意理念，重点打造“四大产业集群区”“四大品牌”这一产业格局。

（一）港口文化创意产业集群

文化创意产业集群是以创意为龙头、以内容为核心，驱动产品的创造，创新产品的营销，并通过后续衍生产品的开发，形成上下联动、左右衔接、一次投入、多次产出的链条。通过发展文化创意产业群，促进集群式创新，从而培养众多关联企业的集体竞争优势，是提升城市竞争力的关键。

1. 中心城区创意设计产业区

中心城区要以大力发展数字内容产业、创意设计服务业为龙头，辐射带动文化业的创新发展，提升节庆会展业、文化旅游业等的发展水平。在老外滩区域，通过提供非营利性公共服务平台，整合社会资源，搭配相关产业链，创建“1842外滩”创意产业基地，同时积极利用周边城市展览馆、美术馆等文化设施以及依托老外滩内的酒吧、演艺吧等文化休闲场所，打造外滩文化创意产业圈，引进和发展时尚生活创意集群；在甬江东南岸滨江区域打造创意设计集群，将文化功能与商业功能结合起来，以公建用地为主，可以设置商业设施、文化设施、或以工业为题材，反映工业变迁的博物馆等设施，来延续城市的商业文化，同时体现源远流长的港口文化。两岸区域相互呼应，

① 按照规划，今后五年，宁波市将着力实施“1235”工程，实现“文化大市”向“文化强市”的跨越。“1235”工程指的是打造河姆渡生态文化产业园区等10大文化发展集聚区，培育宁波国际港口文化节等20个重点文化品牌，建设宁波·中国港口博物馆等30个重点文化项目以及扶持北仑海伦钢琴股份有限公司等50家重点文化企业。

打造宁波的甬江公建带，强化商业氛围，共同演绎甬江文化序列中近现代工业文化的经典篇章；在东钱湖区域打造文化创意生态区，引进国家级会议、展览和国际性文化主题论坛，发展时尚设计、艺术授权以及文化创意产业各类中介服务机构，开发绿色、休闲和文化创意体验类的文化精品和服务。

2. 东部港口文化创意产业核心区

以市场需求为出发点，着重培育与港口文化相关的文化旅游业、文化休闲娱乐业以及文化创意产业。在文化旅游业方面，进一步拓展与港口文化相关的工业旅游点和社会资源结合点，尽早落实北仑山邮轮服务中心的招商工作，争取将北仑纳入国际邮轮常规航线。在文化休闲娱乐业方面，依托凤凰山乐园、君临国际商业中心及美术馆、音乐馆、大剧院、博物馆等于一体的文化艺术中心建设，引入更多的时尚元素，打造以精品酒店、主题酒吧、特色餐饮、文艺表演场所为主体的特色街区，如“海员风情大道”等。在文化创意产业园建设方面，对闲置民居、废弃的厂房、仓库进行利用改造，与各类高校、科研机构、文化协会、艺术家个人或团队合作，打造一批融入港口文化元素的“创意小店”或“家居式”的中小型设计园区。在具体创意策划过程中，提炼洋沙山、城湾人家、梅港鱼村、芝水滩等具有浓厚港口区域文化氛围的主题景点，将北仑古老文化与现代高技术的游乐器械融为一体，再辅之以丰富而风格各异的艺术表演，提供一个独特的文化创意产业形态，成为游客喜闻乐见的文化活动基地和大众娱乐的精彩平台。

3. 南部体验式文化创意旅游区

在南部生态区，以发展互动、体验式文化旅游业为导向，打造历史与现实、自然和人文融为一体的特色文化创意产业。精心打造象山滨海影视产业集聚区，与国内外优秀专业影视公司和机构合作，形成制作要素与服务性产业要素相配套、人造内景与海洋自然外景相融合的特色影视拍摄基地，同时拓展和延伸发展动漫、游戏、音像、演艺、休闲、娱乐和服装、礼品及绿色食品等行业；规划建设宁海浙东民俗风情园，挖掘前童古镇的文化底蕴，将宁海当地民间收藏的几万件独具浙东风情的藏品在前童实地展示、演绎，挖掘整合十里红妆文化资源，重点建设十里红妆博物馆，全面展示港城独特的民俗、民情、民风，培育具有核心竞争力的文化创意体验区。

4. 北部港口文化创意体验区

以长江流域中华文明发祥、传承、创新与演进为主线，以河姆渡文化（河姆渡遗址博物馆、田螺山遗址博物馆，河姆渡遗址、古渡口遗址、古稻田遗址、古湖沼遗址和田螺山遗址）、越窑青瓷文化、“海上丝绸之路”文化、“宁波帮”儒商文化和当代改革开放创业文化等为脉络，采用数字技术等现代科技手段，通过实景、演艺、动漫、互动等形式，打造“河姆渡”文化创意游品牌；挖掘和整合大桥、湿地、农庄以及“东方商埠、时尚水都”等文化旅游元素，构筑大桥文化旅游产业链；同时，依托现有产业基础，重点培育建设以高新技术印刷、特色印刷和光盘复制业为主体的印刷复制基地。

（二）港口文化创意产业的品牌

实现品牌与文化创意的完美结合，这是文化创意产业发展所表现出来的一个重要的运行规律。因此，在宁波港口文化创意产业发展中必须树立强烈的品牌意识，提升品牌经营理念，创造性地进行品牌策划。

1. 博物馆品牌

港口博物馆是集历史展示、科学教育、学术交流、水下考古为一体的科学博物馆，不仅可以提升宁波的港口城市特色，而且可以提高市民的文化素养和宁波城市的文化品位。宁波港口博物馆品牌建设，首先需要突出海洋文化和港口文化特色内涵，以极富现代气息的手法体现滨海新城锐意创新的发展形象；其次，打破传统以“历史文物”为主的观念，树立“现代博物馆”的理念，将“物”的呈现与“理”（知识）的揭示、传统博物馆和现代科技馆有机结合，运用现代科技，成为集展示、收藏、教育、科技、旅游、学术研究于一体，传承港口历史、港口文化的馆藏基地①。

2. 节庆品牌

国际港口文化节是以文化的凝聚力和辐射力提高港口和城市间的交流合作，使宁波向现代化国际港口城市迈进的有效途径。为了将宁波国际港口文化节打造成一项具有“港口特征、国际理念、文化内涵”的品牌性节庆活动，首先，国际港口文化节需起到统领港口文化各大要素的作用，不仅要整合北仑的港口文化相关要素，还要整合整个宁波港口文化的要素，让宁波港口文化的内涵得到集中体现和升华；其次，国际港口文化节要凸显宁波最具有本土风情的港口文化要素，加强相关民风民俗文化的策划和包装，吸收“中国开渔节”的成功经验，进一步强化社会公众的参与和体验；最

---

① 按照规划，港口博物馆由三个分馆组成：第一个是历史分馆，以宁波港的完整发展史为线索，展示“从原始的雏形港到古代国际港、近代重点港、当代大港”的历史脉络；第二个是港口分馆，是一个以宁波港为参照的港口专题科普馆，在表现形式上，将突破传统艺术馆和历史馆的模式，吸收自然馆和科技馆的运作方式，兼有收藏、展示、科普、互动等多重功能；第三个是航海分馆，通过对船舶、船旗、汽笛等专题表现和部分特殊用品的专题收藏，诠释丰富多彩的航海文化。

后，国际港口文化节要注意旅游开发功能，推进港口文化与港口旅游的结合，进一步提高文化节的知名度，实现经济效益与社会效益的双赢[①]。

3. 旅游品牌

世界著名的港口城市与旅游休闲往往互为影响、相辅相成。借鉴国内外港口旅游发展经验，宁波港口旅游必须通过产品和环境的特色化和个性化发展向中端旅游市场递进，进而培育、形成高端旅游市场[②]。首先，根据宁波港口资源条件和发展基础，港口旅游应重点推出“现代化工业大港景观游”“象山渔港渔村渔文化休闲度假游”两大品牌；其次，结合地域文化，深化北仑港口历史文化与工业旅游产品，丰富象山渔港渔村渔业文化活动内容，精心设计旅游线路，拓展和提高大众型旅游产品类型，使大众旅游产品向中高端旅游产品递进；再次开发邮轮、游艇旅游产品、海岛休闲体验旅游产品和海底游乐项目，培育、形成高端旅游产品。在港口品牌旅游产品的支撑下，提高宁波港口旅游的知名度，塑造宁波“港通天下”的港口城市形象。

4. 体育品牌

宁波是中国女排主场、八一双鹿男篮主场和国家乒乓球训练基地，也是国内乒超联赛海天俱乐部的主场。自 2004 年北仑区首创“中国女排主场”概念以来，先后举办的各类赛事共计 70 余场，在国内外具有了一定的知名度。这是宁波港口文化建设的一大亮点。为进一步推进宁波港口体育品牌塑造，首先，继续承办各种体育赛事。加大宣传力度，吸引众多的体育爱好消费者参与，争取良好的门票效益和社会效益；同时争取赞助商的支持，采用冠名、广告、门票销售代理、为运动员提供食品和饮料赞助等形式筹措资金，使赞助和赛事相匹配，投入和回报成正比。其次主动联络演出单位，出租场馆，为明星演唱会及本地大型演出提供场地服务。再次，走特色之路，打造出自己的品牌。以弘扬女排文化为主题，打造女排基地品牌，以女排基地的影响和辐射力，带动整个体育产业的发展。

（三）宁波港口文化创意产业发展对策

随着全球化进程的加快和世界范围产业结构的转型升级，许多港口城市在城市更新过程中，开始重新利用港口设施和空间，通过发展文化创意产业以增强港城的核心竞争力。作为向国际化大港口迈进的宁波港，发展文化创意产业这一战略性产业以提升综合实力与竞争力，已刻不容缓。

---

① 叶苗．关于加快北仑港口文化建设的战略思考．中国港口，2010 年（《港口文化论文集》），第 18-21 页。
② 李瑞．港口旅游发展研究进展与实证．经济地理，2011(1):149－154。

1. 建立宁波港口文化创意产业发展协调机制

文化创意产业作为迅速崛起的新兴产业，在不同的发展阶段，政府需要发挥不同的引导、服务和协调作用。宁波应成立港口文化创意产业领导机构，组织由政府、高校、研究机构等相关部门人员组成的跨部门、跨行业的专门小组，结合宁波实际状况，借鉴国际港口文化创意产业发展的先进经验和做法，按照“规划指导、资源整合、政府推动、社会参与、市场运作”的原则，制定推进宁波港口文化创意产业发展的实施意见。同时，在加强原有港口文化产业相关部门建设的同时，强化助推港口文化创意产业的行业机构建设，如港口文化创意产业行业协会或促进会等，强化其在沟通各地港口文化创意产业信息、举办港口文化创意产业交流、调处港口文化创意产业行业内部矛盾等方面的作用。

2. 完善港口文化创意产业的特色化布局

借鉴国内外著名港口城市在文化创意产业发展上的做法和经验，结合《宁波市国民经济和社会发展第十三个五年规划纲要》《宁波市文化产业“十二五”规划》《宁波市“十二五”海洋经济发展规划》，进一步廓清宁波市港口文化创意产业的内涵和范围，完善宁波港口文化创意产业规划布局。规划布局要让人们感受到港口的发展过程，体现港口文化的氛围，培育港口文化特色：宁波城市建设不仅要在建筑造型、道路格局、城廓形象和局部景观上体现港口文化特色，而且可结合甬江两岸的开发，在原轮船码头附近兴建“海上丝绸之路”博物馆、海上瓷茶博物馆，把与港口有关的风俗、民情和分散的文物古迹集于一堂，成为有较强地方特色的创意点，实现文化遗产在“保护中求发展，建设中求和谐”，使历史文化融入现代生活，促进城市精神的重塑和文化空间的营造，树立港口城市品牌形象、提升港口城市竞争力和实现城市可持续发展。

3. 建立创意产业发展的创新支撑体系

文化创意产业的生命力在于创新，要把提高创新能力作为推进宁波港口文化创意产业发展和城市竞争力提升的突破口。首先，通过财政、税收等政策，鼓励有关文化创意企业增加科技投入，围绕现代创意产业发展的核心技术，支持企业开展产学研合作，组建各种形式的战略联盟和企业集团，在关键领域形成具有自主知识产权的核心专利和技术标准。其次，在港口文化领域深入实施“科教兴市”战略，加强科技与文化的融合，广泛运用现代技术，提高港口文化创意产业的科技含量，推动港口文化创意产业的升级和改造，进而促进城市文化的发展和城市竞争力的提升。再次，根据文化创意产业的业态特征，建立健全宁波港口文化创意产业的人才机制。在宁波现有高校中开办文化创意产业相关专业，培养港口文化创意产业人才；帮助港口文化创意产

业企业引进优秀人才，对港口文化创意产业企业引进优秀人才政府给予一定的资金补助；对于到宁波各港口创意产业园区自主创业的人才，政府在住房、落户、子女就学等方面给予相应的支持。

4. 实施“走出去”战略，推进产业市场拓展

一是将申办“世界海洋博览会”作为宁波港口文化消费、文化营销的实现平台。通过“政府搭台、企业唱戏”，举办以港口文化创意产业为主体的国际性展销洽谈活动、文化节、高层论坛、研讨会等，建立港口文化产品交易和出口“窗口”，搭建港口文化创意交流平台，让宁波港口文化创意成果与国际市场有更多结合机会和渠道。二是引导政府、银行对具备发展前景的港口文化创意自主创新产品或服务出口所需的流动资金贷款予以优先安排、重点支持，鼓励港口文化创意企业培育辐射国内外的港口文化创意产业营销网络体系。三是积极与国内外著名港口城市建立外部联系，尝试吸引这些国家文化创意企业进入宁波，形成与全球更广泛的文化创意经济联系网络，为宁波迈向国际港口文化创意都市提供强大动力。

第八章　浙江海洋游娱民俗保护与发展

海洋民俗作为浙江文化的一个重要组成部分，其形成发展和演变的过程与沿海区域特定的文化生态环境有着极其密切的关系。浙江滨海地区独特的政治、经济、文化、社会因素，对于浙江民众的生活习俗和行为模式具有着重要的影响，它们往往成为导致和促成浙江民众某些习俗行为方式的重要条件。

第一节　民俗与海洋游娱民俗

一、民俗与海洋游娱民俗

民俗学作为近代独立的人文社会科学专有名词，首先出现于英国。清末“西学东渐”后，民俗学开始传入我国，中经“五四”新文化运动时期的发展，奠定了我国民俗学的基础。钟敬文指出：“民俗是我们的先民创造的文化，而且一部分还是相当有价值的文化，这对于我们后代来讲，有特殊的意义。”“民俗的作用是多方面、多层次的，它对人类精神生活起作用，对社会政治起作用，对工艺生产也起作用。”[①]陈勤建则认为：“民俗不能简单归结为旧时代乡下人的土特产，它是与人俱来，与族相连，与人类共存的特殊的伴物。一般而言，民俗是指那些在民众群体中自行传承或流传的程式化的不成文的规矩，一种流行的模式化的活世态生活相。社会中的每一个心智健全的人，都无法脱离一定的民俗而生活，在他们身上，都烙有这样那样民俗的烙印。”[②]简言之，民俗即民间风俗，是广大民众所创造、享用和传承的生活文化。

游娱民俗是各种民间游玩娱乐活动的总称。有关游娱民俗（或称游艺民俗）的概念，学术界一直没有统一认识。民俗学家乌丙安先生认为：凡是民间传统的文化

---

① 钟敬文. 民间文化讲演集. 南宁：广西民族出版社，1998：35。

② 陈勤建. 文艺民俗学导论. 上海：上海文艺出版社，1991：2。

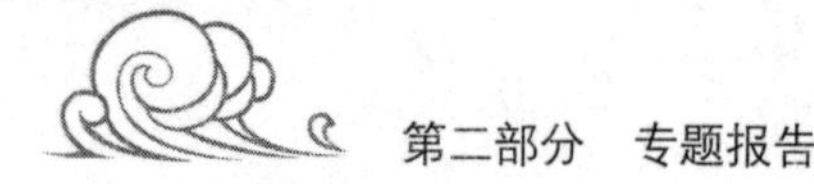

娱乐活动，不论是口头语言表演的，还是动作表演的，或用综合艺术手段表演的活动，都是游娱民俗（或称游艺民俗），游戏、竞技也不例外。他还对民间游娱（或称游艺民俗）的范围作了这样的界定："非宫廷化的广大民间层的表演活动；非剧场化、非大舞台化的表演活动；非职业化的或半职业化的民间文艺家的表演活动。"[①]民间游娱活动（或称游艺民俗）包括的项目很多，从口头的"讲""唱"，到民间游乐的"表演"；从少年儿童的"游戏"，到男女成人的"竞技"，都有多姿多彩的活动和自身的传承渊源。

海洋游娱民俗是中国传统游娱民俗的重要组成部分。依据游娱民俗的内涵，我们认为海洋游娱民俗是指沿海与海岛区域居民口传身授的涉海文艺活动、海洋民间歌舞、海洋民间戏曲与曲艺、海洋民间竞技与游戏等游玩娱乐活动的模式与传承行为的总称。它包括滨海民间文学、民间音乐和舞蹈、民间戏曲与曲艺、民间竞技与游戏等内容。一般而言，海洋民间游娱有较强的娱乐性和群众性。丰富多彩的民间游娱活动能满足沿海居民或现代旅游者求乐、求娱的心理要求。

二、海洋游娱民俗特色

海洋游娱民俗是一种以消遣、调剂身心为主要目的的民俗事象。同其他民俗事象一样，既有民俗的共性，又有自身的特点，归纳起来海洋游娱民俗有以下几个特点。

（一）娱乐性与竞技性相融合

娱乐性与竞技性是海洋游娱民俗的基本特性。很多的海洋游娱民俗是活动，既存在着程度不同的竞技特征，又存在着程度不同的娱乐特征，特别是在民间游戏和民间竞技活动中，"你中有我，我中有你"的现象是常常见到的。如赛会乃舟山民俗之一。最著名的是"三月半会"，萧鼓笙歌，舞龙抬阁，高跷戏曲，百艺杂陈，万人共巷。名曰娱神，实为自娱，高手献技，与民同乐，犹如西方"狂欢节"。农村以乡或行业也有以庙或数庙组成会社，盛时有 120 个会社。每逢赛会，神像前导以仪仗、彩亭、抬阁、龙灯，高跷殿后，串乡游行，蜿蜒数里；民间乐队吹打弹拉，鞭炮轰鸣；入夜灯火辉煌，通宵达旦，观众云集，历时 3 天。成人游戏娱乐则以赛力、竞技、赛艺为主，有更强的胜负观念。如海滩放鸢，一是场面开阔，可充分施展放鸢的竞技，并可容纳众多参赛者，造成"滩头众人牵戏，空中满眼鸢飞"的壮丽场面；二是海滩上空气新鲜，海风习习，便于放鸢上天，而且放得高，放得远；三是放鸢是放晦气，是一

① 乌丙安. 民俗学原理. 沈阳：辽宁教育出版社，2001：130。

种去邪巫术。在海滩上放鸢即把晦气放向远方海面，以保岛上的平安。为此，断了线的风筝不能再拾回来，否则视为不吉利。由于这种种原因，海滩放鸢历来成为海岛人爱好和滩上竞技之一[①]。据调查，清明、立夏、中秋、重阳，则为海滩放鸢的最热闹日子。这些游戏竞技讲究形式，较为规则，因此娱乐性较强。可见，娱乐性和竞技性在游艺民俗活动中相融。

（二）明显的祭祖与巫术色彩

原始民众由于对自然界缺乏知识，认为一切存在物和自然现象中都具有一种神秘的同性，即“万物有灵”。在此基础上产生了多神崇拜，并有各种各样的祭祖活动。随着社会的发展，人类自信力日益增强，宗教观念渐趋淡漠，祭祖活动也日益失去其严肃性，由娱神向娱人过渡，最终演变为民间娱乐项目。吴越内地所信仰的天帝、阴王、财神、门神、灶神以及八仙等，海岛均有信仰传承。其祀典之淫，以舟山黄龙岛为例。从正月初一拜“菩萨岁”起，到年底祀灶、送年、祀祖宗止，一年中祀典活动达 80 余次。俗话说：“贪嘴媳妇做勤力羹饭”，光祭祖宗、祭鬼的祀典活动就达 30 余次。几乎年年月月有“羹饭”，时时处处祭游魂。生病求“香灰”，出海卜吉兆，开捕谢洋供菩萨，生子娶妻谢鬼神，祀典之淫远胜大陆。

（三）浓郁的乡土特色

海洋游娱民俗在沿海区域自然环境和人文环境中孕育产生，并在民间广为流行，由于其形态受人们的生产、生活方式，受地域条件的制约，具有强烈的乡土气息，又形成了种种不同的地方游娱民俗。赛泥马游戏起源于朱家尖。舟山朱家尖顺母涂，在明朝是个面积很大的海涂，人不能行，马不能进，入涂则陷泥。为了在舟山海涂中追击逃亡的倭寇，抗倭名将戚继光就创造了一种似马非马的器具，名为“泥马”，在战斗中果显奇效。后人效而仿之，成为一种体育竞技。

第二节　浙江海洋游娱民俗内涵

浙江海洋文化产生历史悠久，源远流长，最早可以上溯到河姆渡文化时期。浙江海洋游娱民俗内涵丰富，就其类型来说，大致可以分七个类别，即海洋民间文学活动类、海洋民间歌舞活动类、海洋民间小戏活动类、海洋民间曲艺活动类、海洋民间竞

① 姜彬．东海岛屿文化与民俗，上海：上海文艺出版社，2005：550。

技活动类、海洋民间杂艺活动类和海洋民间游戏活动类（表 8-1）。

表 8-1　浙江海洋游娱民俗分类情况

序　　号	类　　别	代表性游娱民俗
1	海洋民间舞蹈活动类	舟山锣鼓、跳蚤舞、船灯舞、马灯舞、火龙喷火、大头娃娃、舞鱼龙、船鼓
2	海洋民间小戏活动类	温州、绍兴、浦江的“乱弹”，台州的“高腔”，宁波的“甬剧”，还有流传舟山群岛的“木偶戏”
3	海洋民间曲艺活动类	翁州走书、舟山新闻和渔鼓等
4	海洋民间竞技活动类	射鱼、海滩拔河、赛泥马、抛缆、攻淡菜、摇橹、海上骑马
5	海洋民间杂艺活动类	春节赛龙灯、清明踏青、端午闹龙舟、七月半放水灯、七巧夜穿针、开洋大典、谢洋大典、逛关帝庙、唱庙会
6	海洋民间文学类	民间的海洋、岛礁、鱼龙、观音等民间故事、民间歌谣、民间谚语
7	海洋民间游戏活动类	掷贝壳、吹海螺、捉蟹、斗蛋、跳龙门、数罗汉、攀缘绳索、举石墩、拣鱼、掏鱼

一、海洋民间舞蹈活动

民间舞蹈起源于人类劳动生活，它是由人民群众自创自演，表现一个民族或地区的文化传统、生活习俗及人们精神风貌的群众性舞蹈活动。中国民间舞蹈是中华民族艺术宝库中的璀璨明珠，它不仅历史悠久、题材广泛、内容丰富、形式多样，而且数量之多也是世界上所罕见的。浙东沿海民间舞蹈流传广泛，形式多样，无论是临近城市的渔港，或是远离大陆的海岛，大凡有渔民聚居的地方就有民间舞蹈的痕迹。这些活动显示着沿海居民对美好幸福生活的歌咏或向往。

（一）跳蚤舞

“跳蚤舞”始于清朝乾隆年间，是由福建渔民从福建传承到舟山沈家门渔港等地区的。尔后，再由沈家门传承到定海、岱山和嵊泗列岛直至宁波镇海。清末民初，经过舟山渔民艺术家们的吸收和改良，成为舟山群岛特有的一种海洋舞蹈。旧社会，民间游艺娱乐与祭祀祈福是连在一起的，舟山白泉有个“迎白会”，又叫“三月半会”，遇丰收年景、闰年闰月举行赛会，大出会 7 天，小出会 3 天，盛时有 40 多个会社 3 000 多人参加。第一天在崇圣宫集中迎神，第二天起各会社分散行会，第五天到邻乡马岙南门集中，第六天到干石览乡隆教寺，第七天谢神散会。出会时队伍串乡游行，蜿蜒数里，民间乐队吹打弹拉，铁铳炮仗频频轰鸣。

（二）镇海龙鼓

镇海龙鼓作为宁波镇海区重要的民间艺术形式，在各乡镇广为流传，有着很高的观赏价值与艺术价值。镇海古称“蛟川”，乃藏龙卧虎之地。自古以来，镇海人民以出海打渔为生，为保出海平安，鱼虾丰收，舞龙和锣鼓表演在民间十分盛行，历史悠久。

镇海素有“浙东门户”之称，大小战事频繁，先后经历了抗倭、抗英、抗法、抗日等反侵略战争，每当将士们凯旋，镇海百姓都会以舞龙和锣鼓庆祝胜利。近年来，镇海民间艺术家吸取传统艺术的精华，并加以创新，将舞龙和锣鼓表演巧妙地揉合在一起，形成了龙鼓这一具有独特风格的新民间艺术表演形式。镇海龙鼓寓意斗风平浪，“镇海”以保风调雨顺。镇海龙鼓既有龙舞的细腻奇巧，又具有锣鼓的雄壮粗犷，合为龙鼓，似蛟龙出海，雷霆万钧，变幻自如，气势如虹。镇海龙鼓使锣鼓富有动感，使龙鼓更具节奏，锣鼓音乐与舞蹈动作相得益彰，蔚为壮观，极具震撼力。

（三）镇海澥浦船鼓

这是一种集打击乐（以鼓为主）、船型道具和民歌小调为一体的反映浙东渔民生产生活习俗的民间舞蹈样式，通称船鼓，民间亦呼称“拷（敲）船灯”。传其在清嘉庆中后期（约 1810 年左右）已盛行于此间乡里，迄今至少有 200 余年历史。当时澥浦为一较大的渔业集镇，渔民多从河南和福建迁居而来。每当出洋捕鱼、归来谢洋，河南籍渔民往往以敲锣击鼓庆祝，福建籍渔民则常常以竹木条扎成船形载歌载舞。后来，二者逐渐融合，就有了船形舞与锣鼓伴奏合而为一的船鼓队。清末民初，船鼓最为红火，并扩展至民间庙会、传统节日与喜庆活动。每年出海捕鱼（俗称“开洋”）和捕鱼归来（俗称“谢洋”）时，他们（男性渔民）都会一起以击鼓、唱民歌和舞着船型物进行送行祈福或进行喜庆丰收表演。

二、海洋民间小戏

民间小戏是指劳动人民口头创作、民间演唱的戏剧艺术。民间小戏是一种综合艺术，它是在民间曲艺和民间歌舞的基础上发展起来的，一般都以歌舞形式出现，带有浓厚的歌舞成分。浙江民间戏曲有着悠久的历史与优秀的传统。最早反映东海故事的《东海黄公》，就源于汉代的“角抵戏”。我国戏剧家周贻白在《中国戏剧的起源与发展》一文中，亦认为《东海黄公》是中国戏剧最早的萌芽。到了宋元，东海“海东之胜”的温州，更成为中国古南戏的诞生地。明祝允明《枝山猥谈》里记载：“南戏出

于宣和之后，南渡之际，谓之温州杂剧。”清顺治《瓯江逸志》亦记载：“民众好演戏。”民国以来，浙东沿海民间地方戏曲更为繁荣，不仅有流传温州、绍兴、浦江的“乱弹”，台州的“高腔”，宁波的“甬剧”，还有流传舟山群岛的“木偶戏”等等。

（一）舟山“木偶戏”

木偶戏流传于舟山已有150余年的历史。据民国12年（1923年）编撰的《定海县志·风俗·演剧》载：傀儡戏有二种，俗皆称之曰“小戏文”。一种傀儡较巨者，谓之“下弄上”，皆邑中堕民为之。围幕作场，大敲锣鼓，由人在下挑拨机关，则木偶自舞动矣。其唱白亦皆在下之人为之。一种小者，其舞台如一方匣，以一人立于矮足几上演之，谓之“独脚戏”，亦曰“登头戏”，为之者皆外来游民。傀儡戏大者多民间许愿酬神演之；小者则多在街市演之，演毕向观众索钱，亦有以此许愿酬神者。人们请演木偶戏，无论是为驱邪避凶、解厄消灾，还是招财求福，都是希望借助木偶戏这一形式来与神沟通、与神对话，祈求神灵的保佑与赐福。可见，舟山木偶戏的发展与舟山民间宗教信仰密切相关。

（二）宁波“甬剧”

甬剧是用宁波方言演唱的地方戏曲剧种，属于唱说滩簧声腔。它最早在宁波及附近地区演唱，当时称“串客”，清光绪十六年（1890年）“串客班”到上海演出后又称“宁波滩簧”，1924年“宁波滩簧”在上海遭禁演后称“四明文戏”，1938年上演时装大戏后又称“甬剧”和“改良甬剧”，直到1950年，这一剧种才正式定名为“甬剧”。

甬剧的流布区域最早主要在鄞县（现鄞州）、奉化一带。后来，逐步遍及宁波地区以及舟山一带乡镇。新中国成立前在上海、宁波等地曾活跃着多支著名的甬剧表演团体，并随着上演剧目的发展变革，历经男小旦、女小旦、改良甬剧等几个时期的兴衰，这一期间涌现出来的著名甬剧艺人有贺显民、徐凤仙、金翠香、金玉兰、黄君卿等。新中国成立后宁波成立宁波市甬剧团，上海成立堇风甬剧团。宁波市甬剧团以编演反映现代生活的甬剧为主，如《两兄弟》《王鲲》《亮眼哥》《红岩》等，同时也整理了如《田螺姑娘》等一批传统戏。

三、海洋民间曲艺

民间曲艺又称民间说唱，它是以说唱为主，包括一些表演因素的口头艺术形式。在中国，曲艺是与戏曲同源异流的姊妹艺术。据不完全统计，全国有300多个曲种。曲艺是以说、唱、数为手段，生动、通俗、富有趣味地叙述故事情节、刻画人物性格的艺术。浙东沿海与海岛民间曲艺品种主要有滃州走书、舟山新闻和渔鼓等。前二者影响较大，流传较广。其音乐结构都是单曲体和联曲体的混合体，主旋律均为五声音阶，与本地的口语结合得十分紧密，长于叙述，又具有抒情、绘景等艺术性能，似唱似说，颇具艺术感染力。

（一）滃州走书

滃州走书是流传于舟山群岛的一种古老的海洋民间曲艺。舟山古称滃州，故名滃州走书，源于 19 世纪初定海马岙，清嘉庆年间，由民间艺人安阿小带到六横嵩山大文村落脚，故也称六横走书。初为自击自唱的单口说唱曲艺，内容以短词为主，原为一人自鼓自唱，后汲取戏剧中的走、唱、念、表相结合的表演手法，将单档坐唱改为二人或多人演唱。常规演出为 1 人主唱，辅 1~2 人伴奏（帮腔和笛）。其基本调为“慢调”与“急赋”，另吸收其他曲乐中的“二簧”、“流水”等曲调。演唱朴实，清晰“四工合”帮腔为其特性音调，以唱、表白、演为主要表演形式。表演者服饰道具：长衫、扇子、手帕、静木。伴奏乐器原是竹根笃鼓、笃板。1963 年开始加入二胡等乐器伴奏。

（二）四明南词

四明南词俗称“宁波文书”，属弹词类。由于词章华丽和曲调优雅，四明南词为士大夫们所欣赏，一般不进入书场、茶坊，多在寿诞、喜庆的堂会上演唱。据说，清朝乾隆皇帝下江南时，曾到过宁波，并在白衣寺章状元家住过。听了宁波文书，十分赞赏，说：“此乃是词，不应称书。”由此宁波文书改为四明南词。

四明南词是唱、奏、念、白、表相间的表演形式。主唱人要有“一白、二唱、三弦子”的硬功夫。南词常用曲调有词调、赋调、紧赋、平湖、紧平湖，俗称“五柱头”。调和调式转换较多，也有板腔变化。四明南词曲调文静优美，唱腔多是七字句，有的间隔衬字流畅动听，有的还有大段起板、间奏、尾奏等器乐段。这些器乐段在开演之前或休息之后必奏一曲，以显示该班社的艺术水平和起到静场的作用。

四、海洋民间竞技

民间竞技是一种以竞赛体力、技巧、技艺为内容的娱乐活动。争强斗胜是民间竞技的根本特性。“竞”是比赛争逐的意思；“技”则指技能、技艺或技巧。悠久的海洋文化和特定的环境条件，使浙东海岛居民创造出了许多带着浓郁的鱼腥味、海风情，反映自己劳动生活的生动活泼，丰富多彩的民间竞技活动。

（一）海上攀船桅

爬船桅是沿海区域捕鱼人必须学会的一门技术。无论是数人操作的小型木帆船，还是数十人一对的大中型机帆船，船舱中心都有一支粗壮高大、用作升篷帆的主桅。小船桅高七八米，大船桅高十余米。当篷帆升降绳索缠住或遇风暴袭击需落篷保安全时，就需有人爬上桅杆排除故障。由于爬船桅活动，一是生产需要渔民应熟悉爬桅技能，二是育年渔民下网间隙也喜欢刺激性强的娱乐，于是爬船桅比赛就逐步成为一种海上活动。爬桅赛若是在同一船桅上进行，在无钟表时，以点香或数数计时；若在不同船桅上同时进行，就可直接判定快慢。开展爬桅赛时，有一人当裁判，手执绣龙三角小令旗，赛手身着龙衣龙裤，腰系“撩樵带”，以令旗为号，赛手徒手赤脚，四肢并用，似灵猴般攀桅而上，以最快、最早摘取桅顶的鳖鱼旗或定风旗为得胜标志。即使在风平浪静时爬桅，悬空望大海也会令人目眩眼花，带有冒险性，须有技巧和臂力腿功；遇上风大浪高时船体摇摆船桅更是剧烈晃动与倾斜，浪花罩扑而来，更要有坚强的毅力和高超的技艺。

（二）舟山船拳

舟山船拳发端于吴越春秋，形成于明清。舟山船拳在中华武术宝库中独树一帜，普陀是舟山船拳主要发源地之一。明朝中期，倭寇经常侵犯我国东南沿海，舟山沿海成了抗倭斗争第一线。明朝将领戚继光领军抗倭，在水战中，将士们用具有南拳风格的船拳与倭寇搏击，取得了重大胜利。于是这种具有强身、护体、御敌功能的船拳很快在普陀渔民中传播。明清时期，普陀渔民在抗倭、抗盗斗争中使用看家本领“船拳”，使敌寇闻风丧胆。

由于海上风浪颠簸和船上场地限制，而船拳动作往往以身为轴，原地转动为主，注重腿部、臀部和腰部的运动。步法极重马步，以求操拳时稳健，经得起风浪颠簸。经过多年习练，同时兼收各派之长自成一脉，形成了似南拳又非南拳的独特风格，这就是舟山群岛自己唯一拳种。舟山船拳具有体用兼备、内外兼修、短兵相接、效法水战，刚劲遒健、神行合一，步势稳烈、躲闪灵活的特点。舟山船拳套路并不复杂，有28个动作，其重要招式有拜见观音、开门见海、大浪滔滔、哪吒闹海、乘风破浪、双龙入海……这些简单易学的拳法深受舟山居民的欢迎，也成为舟山民俗体育旅游的亮点之一。

五、海洋民间文学

海洋民间文学艺术作为人类海洋文化创造的心灵审美化形态，记录和展示着人类海洋生活史、情感史和审美史，是人类海洋文明发展史上重要的精神财富。浙东海洋民间文学内涵丰富。《浙江省民间文学集成·舟山市故事卷》，一共收录了长期口头流传于舟山民间的各种散文叙事类作品 292 篇，其中神话类 11 篇，传说类（包括人物传说、佛道传说、史事传说、地方传说、海岛特产传说、民俗传说）158 篇，故事类（包括龙的故事、鱼类故事、生活故事、鬼怪故事、机智人物故事、寓言、笑话）123 篇。洞头县从 1979 年开始采集海洋民间故事活动，至 1987 年，采集到涉及海洋动物的传说、故事 200 多篇，有人变鱼虾的传说、有鱼虾入药的故事、有龙宫、人、鱼类之间的故事等。《浙江省民间文学集成·舟山市歌谣卷》共选编歌谣 164 首，按劳动歌、时政歌、仪式歌、情歌、生活歌、历史传说歌、儿歌、其他八大类依次编排。舟山歌谣具有浓郁的地方特色、强烈的生活气息和独特的艺术风格，内容丰富、生动，反映了舟山渔民的劳动和生活、爱憎和悲欢，揭露剥削阶级的凶残、贪婪，诉述海洋生活的惊险、艰难。《浙江省民间文学集成·舟山市谚语卷》共搜集生产、自然、社交、社会、生活、时政、事理、修养等方面的民间谚语 2 110 条。其中渔业谚语和气象谚语占了很大比例，这反映了舟山谚语的地方特色。

这些流传于浙东沿海、岛屿各地的民间故事、民间歌谣、民间谚语，深刻反映了浙东人民群众的传统美德，提示了人民群众辨别真善美与假恶丑的道德标准，反映了人们爱憎分明、扬善弃恶、爱美厌丑的思想和愿望；这些民间文学作品，集中体现了浙东沿海居民热爱劳动、为追求美好理想而艰苦奋斗的创业精神，团结互助、先人后己、舍己为公的崇高品质，诚信谦虚、礼貌待人的道德风尚，家庭和睦、尊老爱幼的伦理道德以及劳动人民在海洋生产、生活中敢搏风浪、善驾风向、勇斗海天的聪明才智。这种种内容，不论是正面颂扬，还是侧面揭露，都属于精神文明建设范畴，反映了一个地区的劳动人民的精神寄托和向往，受到广泛的欢迎，构成了独特的海洋文学艺术景观。

六、海洋民间杂艺

海洋民间杂艺是以观赏为主的表演性娱乐活动。其在民间拥有大量观众，它适应了社会中、下层民众的欣赏口味，观赏杂艺表演无疑是他们的一种休闲方式。从民俗

史的角度考察，这些杂艺是最有生命力的、并为人民所喜闻乐见的形式。它们始终保持着固有的朴素风格和传统的表演技法，成为民俗性格突出的娱乐活动。

象山渔民开洋、谢洋活动距今已有一千多年历史。清雍正年间到民国期间的鼎盛时期，开洋、谢洋仪式作为渔民一种精神寄托，以祭祀为核心，民俗表演为主轴，活动形式多样，海味十足，既有各庙各渔船的祭祀活动，又有来自各地的鱼灯队、马灯队、抬阁、百兽灯队等民间文艺队的表演，还有越剧、绍剧、宁海平调、乱弹等地方戏剧表演。整个仪式神圣而虔诚，深切地表达了渔民对大海的敬畏之情。

七、海洋民间游戏活动类

乌丙安先生认为，民间游戏是指流传于广大人民生活中的嬉戏娱乐活动，俗语称“玩耍”。海洋民间游戏是游娱民俗中最常见的、最普遍的、最有趣味的娱乐活动。它是一种积极的参与性的娱乐，这里不需要观众，需要的是参与。注重情感的调适，身心的愉悦。人们只有全身心地投入，才能获得乐趣。

（一）斗蛋

斗蛋是浙江沿海与海岛儿童的一种应节性游戏。海岛谚语“立夏吃个蛋，气力大一万”。每到立夏那一天，沿海与海岛家家户户都要煮蛋、吃蛋、赠蛋、斗蛋。斗蛋是海岛孩子必然进行的一种游戏。

（二）正月初八数罗汉

这是沿海与海岛人一种很特殊的宗教性游戏。据考证，正月初八是岱山岛超果寺塑造罗汉的纪念日，为此，这一天海岛渔民与妇女都要赶到超果寺去数罗汉。游戏的规则：参与此游戏者，要手握焚香，进门要礼拜和祈祷，然后按左脚先跨进大殿门槛者，就从左边第一尊罗汉数起，右脚先进，就从右边第一尊数起，待数到本人岁数那尊罗汉时为止，此尊罗汉即为本人的属相。因十八罗汉中有降龙、伏虎、长眉、怒目等造型，面容上有慈善、欢乐、恼怒、威严、悲哀等形象，数罗汉者则以此来预卜自己当年的祸福和财运。欢乐者则为胜，恼怒者则为凶，悲哀者则为大不吉。据说，这种游戏在其他海岛及大陆也有，而且不一定在正月初八。只是海岛人因风浪之险远胜于大陆，人生祸福难以预测，故而参与者众多，岱山岛尤盛。[①]

① 姜彬．东海岛屿文化与民俗．上海：上海文艺出版社，2005：559。

第三节　浙江海洋游娱民俗保护与发展

海洋游娱民俗在浙江沿海区域有着悠久的历史，深受广大民众的喜爱。但是从 20 世纪 80 年代以后，随着世界文化交流的频繁和我国经济、社会的快速发展，浙江海洋游娱民俗和其他地方的民俗一样，遭遇到新形势的严峻挑战，一些经典的游娱项目渐渐远离我们的视野。

党的十七届六中全会《中共中央关于深化文化体制改革、推动社会主义文化大发展大繁荣若干重大问题的决定》指出："坚持保护利用、普及弘扬并重，加强对优秀传统文化思想价值的挖掘和阐发，维护民族文化基本元素，使优秀传统文化成为新时代鼓舞人民前进的精神力量"。这为浙江海洋游娱民俗的抢救保护，开发利用指明了方向。我们要抓住历史机遇，高度重视积极采取有效措施，大力推进海洋游娱民俗的发展与繁荣。

一、加强制度建设，规范海洋游娱民俗保护规范化

首先，完善海洋游娱民俗保护的法律和政策规定，为民俗文化的保护和发展提供法律和制度保障。浙东沿海地方政府要根据本地实际，结合我国《非物质文化遗产保护法》等现有法规，制定海洋民俗保护条例和管理办法，将相关规定进一步细化，并严格落实。其次，要加强机构和人员队伍建设，为游娱民俗资源保护提供组织保障。充分发挥政府在民俗文化保护中的主导作用，设立专门的管理和研究机构，完善人员配置，加大财政投入，设立专项资金，为海洋游娱民俗项目的传承人开展传艺和交流活动提供必要的传承场所和经费，保障相关工作的顺利开展。再次，充分发挥高等院校在推进海洋游娱民俗保护与传承方面的作用。浙东沿海区域的高校可以将游娱民俗资源转化为教育内容，开发有关游娱民俗的课程资源，并将其及时转化为专业教育、研究的内容，着眼于民俗资料的收集、整理，编写普及教程等；高校还可以邀请游娱民俗传人到学校为学生演出，作为传承传统地方文化的辅助形式，传递浙东游娱民俗原有的神韵、意境、风格、审美心理等。

二、加强海洋游娱民俗资源的挖掘整理工作

浙东沿海地区特别是基层地区，应该对当地的海洋游娱民俗资源有清晰深入的了解，整理出分类恰当细致的海洋游娱民俗资源名录，最后列出各个名录的具体提要，

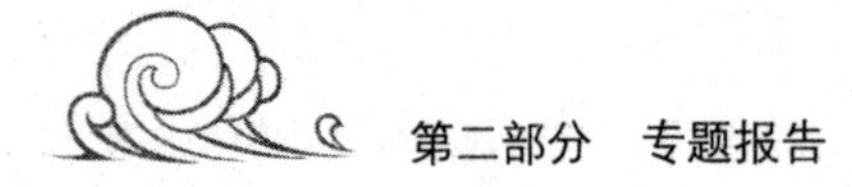

以便做到心里有数，轻重有序，一目了然。在此基础上编制更为详细的浙东海洋游娱民俗资源名录，这样做有利于宣传自身，也有利于统筹兼顾，找出发展海洋游娱民俗的切入点。为了做好这项工作，同时建议各级文物部门、史志办、博物馆、高等院校、相关研究机构以及民间协会组织等积极参与，以期更加全面、系统地掌握浙东海洋游娱民俗资源的基本情况，为海洋游娱民俗保护与传承奠定基础。

三、加强海洋游娱民俗传承人培养

鉴于目前浙东沿海游娱民俗文化的丰富性、生存的脆弱性和传承人的老化及队伍的不稳定性现状，有研究者指出要加快培育传承人，建立培训基地。具体而言，舞龙方面，以奉化、鄞州等地为基地，抓紧培养 40 岁以下 100 名左右优秀传承人和 3 000 人表演的稳定队伍；龙舟方面，以鄞州云龙、东钱湖和姚江为基地，加快培养 50 名左右优秀传承人和 1 000 人竞渡技艺的稳定队伍；海洋艺术舞蹈方面，以象山、镇海等为基地，培养 30 名左右优秀传承人和 2 000 人表演的稳定队伍。对其他海洋游娱特色项目也要分地区落实抢救保护传承责任，并在传承中积极创意创新，使古老的传统海洋游娱民俗焕发出现代文明的光彩。

四、加强海洋游娱民俗与文化旅游产业的协作

海洋游娱民俗要与文化旅游产业联姻，打造游娱民俗文化旅游产业。浙东沿海各市县，都有悠久的历史和丰富的游娱民俗品种，具有较强文化的优势。除了自然风光、名胜古迹之外，在旅游的旺季，结合旅游，可以打造民俗风情文化旅游，将观光旅游、民俗风情和民俗表演结合起来，创建文化旅游产业，进行地方区域特色游娱项目表演，打响文化旅游的品牌，为地方游娱民俗的拯救提供途径和生存空间。但必须明确，“发展中国家在近半个世纪的时间里一直误认为发展就是物质的发展。我们不能在‘人类可持续发展就是物质发展’的误区中痛失另外半个世纪。”[①]因此，当我们在开发海洋游娱民俗资源，追求物质利益的同时，也应考虑到海洋游娱民俗资源的保护，在合理保护的前提下开发利用，让民俗文化资源的开发从追求利益的最大化转变为民俗文化保护与经济利益兼行，并且当经济利益与民俗文化保护发生冲突时要以民俗文化保护为重，只有这样才能真正实现人类的可持续发展。

① 联合国开发计划署（VNPP）：人类可持续发展，转引自《中国 21 世纪议程，纳入国民经济与社会发展计划培训班教材》，1995 年。

参考文献

1. 乌丙安，2001. 民俗学原理. 沈阳：辽宁教育出版社.
2. 姜彬，2005. 东海岛屿文化与民俗. 上海：上海文艺出版社.
3. 金涛，2012. 舟山群岛海洋文化概论. 杭州：杭州出版社.
4. 王缉慈等，2010. 超越集群. 北京：科学出版社.
5. 柳和勇，2012. 海洋文化研究与海岛调查：浙江海洋学院学生海洋文化研究论文选. 北京：海洋出版社.
6. 蒋三庚等，2010. 文化创意产业集群研究. 北京：首都经贸大学出版社.
7. 黄良民，2007. 中国可持续发展总纲——中国海洋资源与可持续发展（第八卷）. 北京：科学出版社.
8. 诸惠华等，2008. 南汇海洋文化研究. 上海：上海人民出版社.
9. 陈海克，2004. 舟山海洋文化资源的现状与研究. 北京：中国文联出版社.
10. 董瑞兴等，1990—2008. 舟山文史资料（第 1 ~ 12 辑）. 北京：中国文史出版社、文津出版社等.
11. 杨宁，2012. 浙江省沿海地区海洋文化资源调查与研究. 北京：海洋出版社.
12. 李思屈，2015. 蓝色梦想：海洋文化与产业. 杭州：浙江大学出版社.
13. 周彬，2015. 海洋文化创意与浙江旅游发展. 杭州：浙江大学出版社.
14. 王希军，2014. 我国沿海省市国家海洋战略比较研究. 济南：山东人民出版社.
15. 柳和勇，2006. 舟山群岛海洋文化论. 北京：海洋出版社.
16. 国家海洋局直属机关党委办公室，2008. 中国海洋文化论文选编. 北京：海洋出版社.
17. 马丽卿，2006. 海洋旅游产业理论及实践创新. 杭州：浙江科学技术出版社.
18. 张开城、徐质斌，2008. 海洋文化与海洋文化产业研究. 北京：海洋出版社.
19. 孙吉亭，2008. 海洋经济理论与实务研究. 北京：海洋出版社.
20. 郭万平，2009. 舟山普陀与东亚海域文化交流. 杭州：浙江大学出版社.

21. 司徒尚纪，2009. 中国南海海洋文化. 广州：中山大学出版社.
22. 孙吉亭，2009. 蓝色经济研究. 北京：海洋出版社.
23. 周世锋，秦诗立，2009. 海洋开发战略研究. 杭州：浙江大学出版社.
24. 董玉明，2002. 海洋旅游. 青岛：青岛海洋大学出版社.
25. 苏勇军，2011. 浙江海洋文化产业发展研究. 北京：海洋出版社.
26. 苏勇军，2011. 浙东海洋文化研究. 杭州：浙江大学出版社.
27. 姜彬等, 2005. 东海岛屿文化与民俗. 上海：上海文艺出版社.
28. 柳和勇、方牧，2006. 东亚岛屿文化. 北京：作家出版社.
29. 王文洪，2009. 舟山群岛文化地图. 北京：海洋出版社.
30. 曲金良，2009. 图说世界海洋文明. 长春：吉林人民出版社.
31. 曲金良，1999. 海洋文化概论. 青岛：青岛海洋大学出版社.
32. 曲金良，2003. 海洋文化与社会. 青岛：中国海洋大学出版社.
33. 曲金良，2009. 中国海洋文化观的重建. 北京：中国社会科学出版社.
34. 曲金良，2015. 中国海洋文化发展报告（2014）. 北京：社会科学文献出版社.
35. 曲金良，2014. 中国海洋文化发展报告（2013）. 北京：社会科学文献出版社.
36. 曲金良，2014. 中国海洋文化基础理论研究. 北京：海洋出版社.
37. 王颖. 山东海洋文化产业研究. 山东大学 2007 年博士论文.
38. 马仁锋，2010 年. 中国创意产业区理论研究的进展与问题.《世界地理研究》, 第 2 期.
39. 马仁锋，2013 年. 基于文化资源的沿海港口地区创意产业发展研究.《世界地理研究》, 第 4 期.
40. 刘丽、袁书琪, 2008 年. 中国海洋文化区域特征与区域开发.《海洋开发与管理》, 第 3 期.
41. 周序华，2014 年. 文化背景下浙江海洋文化资源的开发与建设.《海洋开发与管理》, 第 5 期.
42. 崔瑞华、王泽宇、于文谦, 2007 年. 我国体育产业发展的 SWOT- PEST 分析.《天津体育学院学报》, 第 3 期.
43. 诸葛达维，2014 年. 试论浙江海洋影视基地集群建设.《东南传播》, 第 4 期.
44. 苏勇军, 2012 年. 产业转型升级背景下浙江海洋文化产业发展研究.《中国发展》, 第 4 期.
45. 詹成大、陈慧娟, 2015 年. 浙江海洋文化产业发展的战略重点及其路径选择.《浙江传媒学院学报》, 第 3 期.

46. 马仁锋、倪欣欣、张文忠，2015 年. 浙江旅游经济时空差异的多尺度研究.《经济地理》，第 7 期.
47. 周国忠，2006 年. 基于协同论、"点—轴系统"理论的浙江海洋旅游发展研究.《生态经济》，第 7 期.
48. 王颖、阳立军，2012 年. 舟山群岛海洋文化产业集群形成机理与发展模式研究.《人文地理》，第 6 期.

作者简介

苏勇军

安徽合肥人，宁波大学人文与传媒学院暨中欧旅游与文化学院博士、副教授、硕士研究生导师，浙江省哲学社会科学重点研究基地——浙江省海洋文化与经济研究中心兼职研究员，浙江省重点创新团队（文化创新类）——海洋文化研究创新团队核心成员，主要从事海洋旅游、海洋历史文化等研究。2012 年 11 月至 2013 年 3 月赴法国昂热大学旅游与文化学院进行访学。先后主持浙江省哲学社会科学规划课题 2 项（其中重点 1 项），浙江省高校重大人文社科项目攻关计划项目 1 项，浙江省教育厅科研项目、宁波市哲学社会科学规划项目、宁波市软科学研究项目等厅级研究项目 10 余项。出版《浙江海洋文化产业发展研究》《浙东海洋文化研究》等专著 3 部，《旅游学》教材 1 部（副主编），在《浙江社会科学》《中国高教研究》等核心期刊发表论文近 30 篇。研究成果获得宁波市青年社会科学成果三等奖、宁波大学青年学术创新奖三等奖各 1 项。